塔木德
智慧书

徐苑琳　孟繁芸◎编著

国家一级出版社　中国纺织出版社　全国百佳图书出版单位

内 容 提 要

《塔木德》被认为是影响人类文明的巨著之一，是真正的传世经典。犹太民族正是因为有《塔木德》这一精神支柱和智慧的指引，才得以在饱受难以想象的苦难之下依然生存了下来，并获得举世瞩目的伟大成就。

本书介绍和阐述了犹太人在经商和处世上的智慧，并运用精练的语言，通过一个个富含寓意的故事，来诠释犹太民族智慧的博大精深，相信对读者们有一定的启发和指导意义。

图书在版编目（CIP）数据

塔木德智慧书／徐苑琳，孟繁芸编著.
—北京：中国纺织出版社，2017.11（2023.1 重印）
ISBN978-7-5180-3954-8

Ⅰ.①塔… Ⅱ.①徐… ②孟… Ⅲ.①犹太人—人生哲学—通俗读物 Ⅳ.①B821—49

中国版本图书馆CIP数据核字（2017）第206278号

责任编辑：闫 星　　特约编辑：李 杨　　责任印制：储志伟

中国纺织出版社出版发行
地址：北京市朝阳区百子湾东里A407号楼　邮政编码：100124
销售电话：010－67004422　传真：010－87155801
http：//www.c-textilep.com
E-mail：faxing@c-textilep.com
中国纺织出版社天猫旗舰店
官方微博http：//weibo.com/2119887771
佳兴达印刷（天津）有限公司印刷　各地新华书店经销
2017年11月第1版　2023年1月第9次印刷
开本：710×1000　1/16　印张：15
字数：238千字　定价：36.80元

前言

犹太人民族是世界上最神秘的民族之一。这个民族至今没有自己的国土，没有自己的政府，然而，却有人说他们实际上控制着整个世界，比如说“世界上的钞票都在美国人腰包里，而美国人的钱都在犹太人口袋里”。有数据统计显示，虽然犹太人仅占全世界人口的0.3%，但是在全世界超级富翁中，犹太人却占了1/5~1/4。而且美国400名大富豪排行榜中，有45%是犹太人；《富布斯》美国富豪排行榜前40名中有21名是犹太人。美国前总统罗斯福也曾这样感叹：“影响美国经济的只有200多家企业，而操纵这些企业的只有六七个犹太人。”

犹太商人号称“经商的智者，赚钱的魔鬼”。犹太商人在做生意的过程中，能把从具有赚钱的潜质发挥到极限，把种种合法赚钱的途径利用到极限。那么，犹太人为什么会是世界上公认的最会赚钱的人？他们为什么能赚钱？他们又是怎么赚钱的？难道他们真的就是上帝最宠爱的民族？带着这个问题，我们不妨先来看下面这样一个财富故事。

1956年，一名亲人曾遭受德国纳粹惨绝人寰的屠杀的犹太人，怀揣5000美元来到美国华尔街。仅是短暂的10年，这名犹太人就在美国创立了自己的基金公司，他因为在1992年欧洲货币危机期间炒卖英镑而一举成名，短短一个月赚取了15亿美元。

到了21世纪初，这名犹太人又通过自己的智慧将刚开始的10万美元启动资金变成了200亿美元，成为美国乃至世界屈指可数的财富大亨，可能你已经知道他的名字了，他就是美国量子基金两位创始人之一，有着金融大鳄之称的乔治·索罗斯。

在很大程度上，索罗斯的成功是整个犹太民族的缩影。他们一度失去祖国、颠沛流离、惨遭驱逐并遭受各种迫害、屠杀，然而，他们却凭借着自己的智慧，赢得了巨大的财富，也赢得了生存的尊严和权利。

犹太人爱财，但在犹太人看来，金钱并不是最重要的，最重要的是智慧。尊崇智慧的观念深深植根在所有犹太人的心中。

在犹太人的家庭中，母亲启蒙小孩子时都会问："假如有一天你的房子被烧了，你的财产也将要被人抢光，那么你将带着什么东西逃命？"孩子通常是想到钱、钻石，或是珠宝等。这时候，母亲就会开导："有一种没有形状、没有颜色、没有气味的宝贝，你知道是什么吗？"要是孩子答不出来，母亲就会说："孩子你要带走的不是钱也不是钻石，而是智慧，因为智慧是任何人都抢不去的，你只要活着，智慧就永远伴随着你。"

每一个犹太母亲几乎都这样教育过自己的孩子，因此犹太人以其独特的智慧摘取了"世界第一商人"的桂冠，他们在财富领域的成就让世人刮目相看。而这一切，皆是因为他们有着被人称为"犹太文明的智慧宝库"的《塔木德》。

《塔木德》是犹太人的精神支柱，他们在遭受杀戮与迫害之时，唯有《塔木德》是他们的信仰，他们虽然被迫到处流浪，却不忘随身携带并研读这本书。《塔木德》是他们走出苦难、走向杰出的灯塔，更是整个犹太民族的灵魂。有人说，人类的智慧在犹太人的脑袋里，犹太人的智慧在《塔木德》里。时至今日，犹太人依然将《塔木德》奉为瑰宝。

本书从经商和处世两个方面对《塔木德》进行整理和改编，详细介绍了犹太人的经商法则和智慧，揭示了犹太人灵活多变的为人处世原则，从而帮助人们了解和揭开犹太人之所以成功和取得卓越成就的全部秘密。

编　者

2017年2月

目录

第1章

努力赚钱，但绝不可为金钱所奴役

犹太人是世界上最会赚钱的民族，在全世界各个地方，哪里有犹太人，哪里就有财富。犹太人一向重视金钱，他们认为：在这个世界上，除了上帝之外，就只有金钱最值得人尊敬和重视了。犹太人天生为赚钱而生，但他们却坚持走正道赚钱，坚持靠勤奋赚钱，所以他们不会因金钱而出卖人格，更不会投机赚钱，这是每一个渴望获得财富的人都应该记住和学习的。

一、金钱没有高低贵贱之分

在我们的生活中，到处都要用“钱”，钱能帮我们购买生活用品、解决生活所需，钱是货币，是一个人拥有物质财富多少的标志。犹太人认为，为了挣钱所从事的工作是平等的，他们从来不认为靠体力吃饭是低贱的工作，更不认为老板、经理就高人一等，因为钱无论是在谁手上都是钱，不会到了另一个人的口袋中就不是钱了。

犹太人善于赚钱，但他们在赚钱时，并不会挑剔赚钱的职业，更不会因为自己当下做的职业不好而觉得低人一等，这是一种心态平和的表现。在他们看来，只要是靠自己的智慧和双手赚来的钱，都是值得敬佩的。因此，我们发现，在犹太人赚钱的历史上，犹太人涉及各个行业，而且赚钱的方法也很多。

事实上，犹太人之所以热爱赚钱，甚至可以说是为赚钱而生，是因为他们认为，在这个世界上，除了上帝之外，就只有金钱最值得人尊敬和重视了。而正是因为犹太人对金钱没有偏见，这样保证了他们的思想不受世俗观念的拘束，是完全自由的。在他们的眼里，什么钱都可以赚，什么生意都可以做。

在《塔木德》中，有许多关于金钱的格言：

“钱不含罪恶，更不是诅咒，它在祝福着人们。”

“《圣经》放射光明，金钱散发温暖。”

“身体依心而生存，心则依靠钱包而生存。”

“用钱去敲门，没有不开的。”

“有钱的时候，哪怕是神，也愿意出卖礼物给你。”

不得不说，犹太人这个多灾多难的民族之所以能在世界民族之林中占有一席之地，是因为在赚取财富方面他们有着过人的智慧和成功。钱的重要性毋庸置疑，而在商业社会中，一个人是否成功，在很大程度上是依靠其在财富上是否成功。

犹太人经商的第一点原则就是，对于金钱、职业、顾客都不能带有成见。他们认为，因为自己的偏见而破坏了一笔生意或者合作的机会，是很不值得的。

犹太人在经商过程中的宝贵经验是：贸易之中无成见；要想赚钱，就得打破既有的成见。对交易的对象，犹太人也是不加区分的，只要能达成生意协议，能从对方的手中赚到钱，那么这笔生意就是能够做的。

石油大王洛克菲勒就是犹太人，他曾经说过这样一句话：“永远不能让自己的个人偏见妨碍自己的成功。”这句话的含义是，在追求成功的过程中，我们要从大局考虑，要用包容的心去根除个人偏见。对于不少经商者而言，可能因为人生经验尚浅，很容易意气用事。学会与自己不喜欢的人打交道，这是修炼个性的重要方面。

洛克菲勒先生曾经有个劲敌，他就是摩根先生。事实上，他很讨厌摩根，因为摩根先生是个傲慢无礼的人，而洛克菲勒明白，摩根先生也不喜欢自己。然而，这两位商业奇才却经常合作，他们是怎么做到的呢？因为他们都能放下偏见。曾经有几次，摩根先生主动提出与洛克菲勒结盟。

在一次谈判中，洛克菲勒说：“我已经退休了，如果你愿意，我很乐意在我家中恭候你。”结果，不出洛克菲勒所料，摩根先生果真来了，这对摩根而言显然是有些屈尊，但他做梦都不会想到，当他提出具体问题时洛克菲勒会说：“很报歉，摩根先生，我退休了，我想我的儿子约翰会很高兴同你谈那笔交易。”

这是一种公然的轻蔑，但摩根先生却很克制，他告诉洛克菲勒希望他能到自己在华尔街的办公室去谈。结果，洛克菲勒答应了。

善于思考与善于行动的人，都知道必须祛除傲慢与偏见，都知道永远不能让自己的偏见妨碍自己的成功，我们不难看出，摩根先生就是这样的人。

因为历史因素，现在的犹太人居住在世界各个地方，他们拥有着不同的国籍，但即便如此，他们都认为只要是犹太人就是同胞，而且他们之间总是保持着密切的联系。

在犹太人的观念中，除了犹太人之外，其他人都被称为外国人。为了赚钱，无论是哪个国家的人，都是他们的交易对象。他们绝对不会轻易放弃一桩能赚钱的生意，所以对交易对象的宗教信仰、肤色、社会性质是不会加以区分的。

塔木德启示

金钱是不存在是非善恶的，我们不能主观地对金钱加以评判，而我们每个致力于经商的人也要认识到这一点。要想赚钱，要想获得财富，就要打破传统观念的束缚，赚钱不应该看行业、分国籍，只要是赚钱的事，我们都可以去做。

二、智慧和金钱同在

犹太人认为，智慧化入金钱，才是活的智慧；金钱化入智慧，才是活的金钱。也就是说，金钱和智慧应当是同为一体的，任何人，都要学会运用智慧赚钱，同时也该重视智慧。在商界，流传着这么一个故事：

从前，一个商人开车经过一个小山村，但无奈，汽车出了点故障，他自己无论如何也修不好，于是，他在村民的介绍下找到了村里的铁匠。

这名铁匠是位犹太人，他什么也没说，只是打开了发动机的引擎盖，然后看了下，用手上拿着的小榔头敲了一下发动机，汽车就启动了。

关上发动机的引擎盖，他对商人说："共20元。"

"这么贵？"商人惊愕地说。

"敲一下，1元，知道应该敲到哪儿，19元，合计20元。"铁匠平静地回答。

这就是知识的价值。犹太人认为，只要是有智慧的人，就可以借用自己的知识喊价，而他们自身，也是善于把知识转化为财富的聪明人。

有位犹太名医，他给人看病收费，而当时人们的观念是，救死扶伤是医生的职责，所以收费是不应该的，通常医生获取生活和医疗费用来源的方法是在路边放一个箱子，希望过往的行人能够募捐，所以对这位犹太名医收取医疗费的方法很不满，但是这位名医告诉他们："不收费的医生是不值钱的医生。"

事实上，拥有智慧的人并不少，但是他们不懂得利用智慧来创造价值，所以他们一生与财富无缘。而有知识的人就该利用知识来转化为金钱，这是犹太人对于智慧和财富的态度。

另外，犹太人自身是十分重视智慧的，他们惜才爱才，有时候不惜以重金为自己广纳贤才，对此，洛克菲勒曾说："我需要强有力的人士，哪怕他是我的对手。"事实上，洛克菲勒的霸业离不开一批忠诚的良臣猛将。不少良将甚至总裁一级的人物，都是入公司前作为"敌对"势力与约翰·D.洛克菲勒作过激烈对抗的人。但约翰·D.洛克菲勒胸怀天下，广纳良才，整个标准石油公司就如一部运转良好效率奇高的机器，诸多干将都能尽弃前嫌在这部机器的框架内发挥激情、干劲，乃至约翰·D.洛克菲勒退休后的二三十年内，现金利润仍如滚滚潮水般涌来。

事实上，不止洛克菲勒，美国苹果电脑公司老板史蒂夫·乔布斯也指出，一位出色的人才能顶50名平庸的员工。这就是风靡西方管理界的"乔布斯法则"。乔布斯说，他花了半辈子时间才充分意识到人才的价值。他在一次讲话中说："我过去常常认为一位出色的人才能顶两名平庸的员工，现在我认为能顶50名。"在乔布斯看来，他把1/4的时间用来招募人才是合理的，因为苹果公司需要有创意的人才。同样，高级管理人员往往能更有效地向人才介绍本公司的远景目标。而对于新成立富有活力的公司来说，其创建者通常在挑选职员时十分仔细，老板亲临招聘现场。

从洛克菲勒和乔布斯的话中，我们可以了解，作为一个企业或者组织，如果想要获得财富，就要把网罗一流人才当成企业生存与发展的根本大计。而实际上，由于现今市场是个买方市场，很多管理者认为可以帮助企业做到

“用最少的钱招到最好的员工”，也可以从容地面对员工的离职。毕竟，一个企业不是靠某一个人的作用生存的。他们认为，你不想干自然有人想干，你离开这个企业之后也并不能就那么容易地找到一份理想的工作。而事实上，在这种想法的主导下，企业流失了很多人才。

我们再来看看“福特爱才”的故事：

有一次福特公司的一台马达坏了，公司出动所有的技术人员来修理，但是没有一个人能修复，福特公司只得另请高明。几经寻找，找到了坦因曼思，他原是德国的技术人员，流落到美国后，被一家小工厂的老板看中并雇用了他。

他到了现场后，在马达旁听了听，要了副梯子，一会儿爬上，一会儿爬下，最后在马达的一个部位用粉笔画了一道线，写上几个字“这儿的线圈多了16圈”。果然，把多余的线圈去掉后，马达立即恢复正常。

亨利·福特非常赏识坦因曼思的才华，邀请他来福特公司工作，但坦因曼思却说：“我现在的公司对我很好，我不能忘恩负义”。

福特马上说：“我把你供职的公司买下来，你就可以来工作了”。

福特为了得到一个人才不惜买下一个公司。

人才的重要性是不言而喻的。我们再来看看微软公司的普力爵提供的网罗一流人才的秘诀：高层主管必须参与招聘流程。直到现在，比尔·盖茨仍会亲自打电话给微软看中的大学毕业生，问对方有无兴趣来工作。普力爵强调，高层主管如果不参与招聘流程，其他人就会认为高层不在乎人才。如果高层主管都不在乎人才，还有谁会在乎？

塔木德启示

即便现今社会已经变成买方市场，真正有智慧的人，都要看到金钱的价值，都要懂得运用知识和智慧来获取金钱，来创造现实社会的财富。

三、金钱使犹太人获得一定安全感

犹太民族是世界上最聪明、最神秘、最富有的民族之一。他们似乎为赚钱而生，犹太人以其超人的经商智慧屹立于世界民族之林。他们在经商方面以其独特的经营理念、商业技巧及众多的超级富豪而甲天下，摘取了“世界第一商人”的桂冠。从控制欧洲金融命脉的罗斯柴尔德到华尔街超级富豪摩根，从红色资本家哈默到世界上第一个亿万巨富洛克菲勒，从金融大鳄索罗斯到股神巴菲特，从钻石大王彼德森到私人承办奥运会的尤伯罗斯，不胜枚举的犹太商业巨子令世人翘首瞩目。

马克思是这么描述犹太人的：“在他们眼里，整个大地都是交易所；在这块土地上，他们除了要比自己的邻居富有以外，没有别的使命，生意控制了他们的全部思想，一种生意换成另一种生意，是他们的唯一目的；即使他们偶尔没有考虑他们的生意，那也是想探听一下别人的生意做得怎么样。”

犹太富豪们打个喷嚏，世界上所有的银行都将感冒；

五个犹太财团坐在一起，便能控制整个世界的黄金市场，

在美国，1%的犹太人占据了美国至少40%的财富。

……

犹太人是崇尚金钱的，对人而言，赚钱始终只是一种手段。那么，赚钱究竟是为了什么呢？这是我们时常关注的一个问题。

了解过犹太民族的历史，我们知道，自古以来，犹太民族就处于风雨飘摇之中，他们是多灾多难的民族，而唯有钱，能带给他们安全感，能保证他们基本的生存权利。在面对异族的排挤、反犹分子的血腥杀戮时，钱一次次帮助他们渡过了难关，或许我们大概能明白为何犹太人拼命赚钱：大部分商人赚钱是为了游戏或者享乐，而他们是为了生存。

很早犹太民族就发现了金钱能带给他们安全感这一事实，金钱是他们赖以生存的基础。在犹太民族的历史上，他们曾几次遭到血腥灭国，为了生存下来，他们颠沛流离、逃亡到世界其他很多国家，但似乎不管他们走到哪里，他们要想在当地生存下来，都要拼命地赚钱，因为他们总是面临很重的

税务压力，他们需要交纳各种税务，无论是生孩子还是找工作，甚至是举行葬礼也要纳税，他们不停地赚钱，只要稍有停息，他们就会被冠以“吝啬鬼”的名号，而如果纳税数额不够的话，他们就会被驱逐或屠杀。

虽然犹太人善于赚钱，也极其有钱，但却遭到了妒忌，世界上很多地方都曾掀起反犹运动，其中以德国纳粹党的最为凶狠。

第一次世界大战后，德国作为战败国经济十分困难，造成严重的社会危机，特别是希特勒上台时，正是世界范围的资本主义经济爆发危机之时。而在德国境内从事商业、金融业的犹太人却相当富有。纳粹集团希望能够通过反犹和排犹活动，侵吞犹太人的财产，为德国的国民经济军事化提供财源。另外，纳粹分子为了实现对内独裁、对外扩张的目的，借民族主义招牌进行蛊惑人心的宣传。纳粹分子宣传说，犹太人在政治、道德和生理上有先天的缺陷，是德国的民族祸害，提出“应把犹太人驱逐出德国”。1933年，希特勒上台后，迫害犹太人便成为德国的国策。纳粹的反犹宣传和行动，欺骗了德国广大人民群众，不但转移了他们对国内尖锐阶级斗争的视线，而且也驱使不少人甘心为垄断资产阶级争夺霸权的欲望卖命。

可以说，犹太民族的生活始终是处于动荡之中的，他们随时都有可能遭到外来的迫害，灾难随时会降临，因此，金钱就成了他们的护身符。因为有钱，他们很多次渡过难关，但是由于他们掌握着大量的财富，他们也遭到了世人的嫉妒和仇恨，他们只好通过赚取更多的钱来获取更大的保护。为了获取更多的钱，他们不得不学习更多的赚钱本领历练自己的经商智慧，所以他们生财、发财、理财的本领越来越高，而他们口袋里的钱也变得越来越多。

对于犹太人来说，他们之所以热衷于赚钱，是因为以下几点：

其一，犹太人经常被驱逐，他们的生活颠沛流离、四海为家，唯一携带方便的就是钱，这是他们生存下来最需要的东西。

其二，金钱没有任何性质，也是不具宗教色彩的，是犹太人与其他宗教教徒打交道的媒介。

其三，为了获得在本地生存发展的权利，他们极度迷恋金钱。历史告诉人们，如果犹太人在金钱方面没有超强的智慧，早就从这个世界上消失了。同时，金钱也是犹太人之间彼此救济的最直接方式。

由此可见，金钱对于犹太人来说有着至关重要的作用，它居于犹太人生活的中心地位，居于他们的生死之间。

塔木德启示

犹太人是典型的现金主义者，长期流亡者的身份，让他们在2000多年前就开始对金钱有着独特的迷恋，他们认为，金钱是他们同其他教徒打交道时唯一不具宗教色彩的媒介，也是他们彼此相互救援最方便的形式，更是让他们得以生存下来的护身符。

四、金钱的种子需要勤奋来灌溉

我们都知道，在经商赚钱上，犹太人有着超人的智慧，可能你会有疑问，犹太人成功的秘诀是什么？对此，犹太人信奉这样一句话："播下一粒金钱的种子，用勤奋的汗水加以浇灌，必将收获财富的果实。"因此，在长时间颠沛流离的生活中，他们知道，要想获得高水平的生活，就必须要有强烈的勤奋意识。

在《犹太人五千年智慧》一书中，曾经记载了古巴比伦一位犹太富翁的故事。

这是一位乐善好施的富翁，在当地很有名，他总是将自己的钱财、物品捐给穷人，事实上，他不但没有因为救济他人而变得贫穷，反而变得更富有了。

他的生活并不奢侈，但是也不过分节俭。然而，他为什么会如此富有呢？童年和少年时代的一些朋友提出了这样的疑问："你比我们幸运多了，我们小时候的境况差不多，但现在的你是一名大富翁，而我们却只能勉强糊口。你锦衣玉食，而我们却粗茶淡饭，如果我们能和你一样该有多好。"

"小时候，我们都师从于一位老师，我们学习同样的内容，玩同样的游戏，那个时候的你也没见得有多出众，我们都是同等的平民，现在的你是富翁，我们却还在为生活奔波，这是为什么呢？我们也了解你，你做事不比我

们聪明，不比我们忠实，那么，你为什么那么好命呢？”

这位富翁这样回答：“因为勤奋。勤奋是致富的原则，不知道大家还记不记得，在古老的《财箴》中有这样一句话：‘财富像一棵大树，它是从一粒小小的种子发育而成的。金钱就是种子，你越勤奋栽培它，它就长得越快’。”

在犹太人的观念里，他们认为，上帝青睐于那些勤奋的人，会给他们财富、荣誉，而对于那些懒惰的人，则不会赠送任何礼物。因此犹太人崇尚工作，他们讨厌那些无所事事的人，他们认为那样无异于折磨自己，让自己忙碌起来努力赚钱才是他们喜欢的事情。

可以说，犹太人是世界上最努力的人群，他们总是不知疲倦地工作，也可以长期忍受劳累的工作，而这些品德都是在勤奋的习惯中逐渐历练成的。也正是因为这一点，才造就了无数的犹太富翁。

因此，犹太人这种勤奋的观念正是犹太人经营致富的奥秘之一。洛克菲勒说：“财富是勤奋的副产品。”的确，世界上的事情就是这样，成功需要勤奋。同样，生活中的人们，在追求财富的路上，你必须要做到勤奋，勤奋才是通往财富的唯一坦途。

美国南北战争期间，有很多人和洛克菲勒一样投入到挖掘财富宝藏的大潮中，最后，洛克菲勒成功了，很多人失败了。机会都是平等的，那么为什么会产生不同的结果呢？“为什么我能抓住机会成为巨富，而很多人却与机会擦肩而过、不得不与贫困为伍呢？难道真的像诋毁我的人所说，是因为我贪得无厌吗？”

洛克菲勒说：“不！是勤奋！机会只留给勤奋的人！自我年少时，我就笃信一条成功法则：财富是意外之物，是勤奋工作的副产品。每个目标的达成都来自于勤奋的思考与勤奋的行动，实现财富梦想也依然如此。”

在后来对子女的教育过程中，洛克菲勒依然笃信这一信念，他曾经在给约翰的信中这样说：“约翰，我能取得巨额财富，不过是因为我比常人更努力。我原本就是个平常得不能再平常的人，我没有经济基础，但我以坚强的毅力、顽强的耕耘，孜孜以求，终于功成名就。”

刚刚参加工作的洛克菲勒就职于休伊特-塔特尔公司，那时他还是簿记员，但尽管最简单的工作，他都完成得非常好，也获得了老板的认可，他永远记得老板当时对他的鼓励："你一定会成功，以你这非凡的毅力。尽管我不明白将来会是什么样子，但有一点我相信，只要我用心去干一件事，我绝不会失败。"

洛克菲勒是个从不停止奋斗的人，即使年逾古稀的他还拼杀于商海中，他相信只有奋斗才能让自己的生命不息。

的确，正如洛克菲勒说的，勤奋能修炼人的品质、培养人的能力，更能带来财富。在这个无限变幻的世界中，没有永远的贵族，也没有永远的穷人。要想获得财富，唯一的、正确的方式就是勤奋。一切尊贵和荣誉都必须靠自己的创造去获取，这样的尊贵和荣誉才能长久。

然而，我们不难发现，在现代社会中，却有很多富家子弟，他们生活骄奢淫逸、好逸恶劳、挥霍无度，以至于虽在富裕的环境中长大，却不免在贫困中死去。也有一些满怀理想的人们，在为梦想奋斗的过程中，却做不到一步一个脚印，每天朝目标迈一步，经常三分钟热度，做不到持之以恒。要知道，任何事情的成功都不是一蹴而就的，需要我们做出一点一滴的付出。小事成就大事，在每件小事上认真的人，做大事一定成绩卓越。可以说，洛克菲勒的成功，来自于他早年的愿望，更是坚持与努力的结果。

所以，我们要以洛克菲勒为榜样，要坚持不懈地专注于手上的工作，世界上许多伟大的事业都是由点点滴滴的细节小事汇集而成的。在小节上能够表现好的人，他在成功之路上一定会少许多漏洞。相反，如果一个人不能关注细节问题，往往会因小失大，自毁前程。完美的细节代表着永不懈怠的处世风格，也是一个人追求成功的资本。

培木德启示

想在与人生风浪的博击中完善自己，成就自己，享受成功的喜悦，赢得社会的尊敬，高歌人生，只能凭自己的双手去创造；要知道，荣誉的桂冠只会戴在那些勇于探索者的头上；勤奋是为了自己，不是为了别人。

五、只有靠自己的双手辛苦赚钱才会是长久的

在市场经济条件下，人人都希望致富，人人都有机会致富。但无论如何，财富都只青睐于那些勤奋和靠自己双手赚钱的人，任何人，想要投机或者利用不干净的手段挣钱，都会受到惩罚。

犹太商人认为，做投机生意，也许开始还能赚得一些钱，可是最后还是亏本的居多。对于犹太人来说，通过不干净的手段获得钱财，是可耻的行为，这样的人，他们多得到一分钱，人格就损失了一分，他们得到了很多的钱财，却失去了人格和信念，最终只会沦为金钱的奴隶。

对于犹太人来说，最庄严的事是去教堂，然后双手放在旧约圣经上发誓，所以，在这样的情形下，他们是不会撒谎的。

因此，我们每个人都要记住一点，要赚钱，也要走正道，只有靠自己的双手辛苦赚钱，才会是长久的。

在现代社会，放眼所及，在我们的周围，很多人通过经商、做生意成功获得了财富，他们比其他人生活得更富足，这令我们羡慕不已。于是，就有一些人，为了追求财富和满足物质的欲望，失去了正确的价值观判断，心生为非作歹的念头，从而造成了社会中的不良风气。有道是“君子爱财，取之有道”，追求利润并非罪恶。但是，方式必须是合法的。并不是不管干什么，只要能赚钱就行。为了获取利润必须走正确的道路。牟利之心是经商或其他人类活动的原动力，所以，任何人都可以有赚钱的“欲望”。但是，欲望不能只停留在利己的范围内，同时也要有利于他人。

尼采说，人最终喜爱的是自己的欲望，不是自己想要的东西。能够控制欲望而不被欲望征服的人，无疑是个智者。被欲望控制的人，在失去理智的同时，往往会葬送自己。我们来看下面一个故事。

一天傍晚，有两个非常要好的朋友在林中散步。这时，有位僧人从林中惊慌失措地跑了出来，两人见状，便拉住那个僧人问道：“你为什么如此惊慌，到底发生了什么事情？”

僧人忐忑不安地说：“我正在移植一棵小树，却忽然发现了一坛子

黄金。”

两个人感到好笑，说：“这僧人真蠢，挖出了黄金还被吓得魂不附体，真是太好笑了。”然后，他们问道：“你是在哪里发现的，告诉我们吧，我们不害怕。”

僧人说：“还是不要去了，这东西会吃人的。”

两个人异口同声地说：“我们不怕，你就告诉我们黄金在哪里吧。”

僧人告诉了他们具体的地点，两个人跑进树林，果然在那个地方找到了黄金。好大的一坛子黄金！

其中一个人说：“我们要是现在把黄金运回去，不太安全，还是等天黑再往回运吧。这样吧，现在我留在这里看着，你先回去拿点饭菜来，我们在这里吃完饭，等半夜时再把黄金运回去。”

于是，另一个人就回去取饭菜去了。

留下的人心想：“要是这些黄金都归我，那该多好呀！等他回来，我就一棒子把他打死，那么，这些黄金不就都归我了？”

回去的那个人也在想：“我回去先吃饭，然后在他的饭里下些毒药。他一死，那么黄金不就都归我了吗？”

回去的人提着饭菜刚到树林里，就被另一个人从背后用木棒狠狠地打了一下，当场毙命了。然后，那个人拿起饭菜，狼吞虎咽地吃了起来。没过多久，他的肚子里就像火烧一样的疼，这才知道自己中毒了。临死前，他想起了僧人的话：“僧人的话真是应验了，我当初怎么就没明白呢？”

贪欲会把人带向罪恶的深渊，让人失去理智，它可以使人相互摧残，甚至使最好的朋友都能反目成仇。贪字头上一把刀，一旦人的内心被贪欲所吞蚀，那他必将被其毒害……人生如同一条河流，有其源头，有其流程，当然也有其终点，而不管流程有多长，有多短，终究都会到达终点，流入海洋。那么在我们活着时，有什么欲望是一定非要满足不可的呢？

在生活中，为了生存，人们千方百计去挣钱。有的出卖自己的劳动力，有的出卖自己的知识，有的出卖自己的智慧，有的出卖自己掌握的信息。然而，金钱只有在消费它的时候，才能体现到它的价值。放在家中，只是一堆废纸，比废纸更让我们劳心费力；存在银行，只是一个数字，并不比一个普通数字更能带来乐趣。

子曰："富与贵，是人之所欲也，不以其道得之，不处也；贫与贱，是人之所恶也，不以其道得之，不去也。君子去仁，恶乎成名？君子无终食之间违仁，造次必于是，颠沛必于是。"

这句话的含义是："钱有地位，这是人人都想望的，但如果不是用仁道的方式得来，君子是不接受的；贫穷低贱，这是人人都厌恶的，但如果不是用仁道的方式摆脱，君子是不摆脱的。君子一旦离开了仁道，还怎么成就好名声呢？所以，君子在任何时候，哪怕是在吃完一顿饭的短暂时间里也不离开仁道，仓促匆忙的时候是这样，颠沛流离的时候也是这样。"

我们今天说："君子爱财，取之有道。"什么"道"？合法之道。说到底，也就是仁义之道——仁道。仁道是安身立命的基础，生活的原则。所以，无论是富贵还是贫贱，无论是仓促之间还是颠沛流离之时，都绝不能违背这个基础和原则。用孟子的话来说，还是那句名言："富贵不能淫，贫贱不能移。"

塔木德启示

想赚钱的人必须确定自己的着眼点，凭自己的力量去获取，这会让钱来得令人心安理得些。这是犹太商人重要的生意经。

第2章

最会赚钱的民族告诉你：经商需要智慧

犹太人是世界公认最会赚钱的民族，他们对金钱有着孜孜不倦的追求精神和过人的经商天赋，而这一点，也是犹太民族历经2000年颠沛流离的漂泊生活而未丧失其民族特色，并在重重镇压、驱逐乃至屠杀后又迅速屹立于世界民族之林的真正原因。犹太人认为，智慧催生财富，犹太人重视思维在经商中的重要作用，更有集民族千年智慧的营商圣经《塔木德》，世代传诵，书中提到致富可靠后天培养，能力不是天生的。唯有开发大脑、洞察商机，比人快一步，才可成就商业神话。

一、即使是一美元也要赚

自古以来，经商都不是一件容易的事，这是个考验人忍耐力的过程，然而，大凡那些赚到钱并在事业上做出一番成就的人，都是脚踏实地的人，只要有赚钱的机会，他们都绝不放弃。

精明的犹太人就是这样做的。他们的格言是："即使是一美元也要赚"。

20世纪末，美国西部成为一个热门的地方，很多年轻人来到这里，梦想有一天能在这里大展宏图。

其中有两个年轻人，一个是约翰，一个是杰克，在去西部的路上，他们相识，两个人说起去赚钱的事，都对那里充满了希望。他们到达目的地之后，便开始不断寻找机会。

有一天，两人走在大街上，他们同时看到了一枚硬币，约翰看也不看就跨过去了，而杰克却毫不犹豫地蹲下来将那枚硬币捡了起来。看到杰克这一举动，约翰露出了鄙夷的神情，他想：真没出息，一枚硬币也要捡，哪像干大事业的人！而杰克却认为，财富不会凭空降落，一枚硬币都不愿意捡的人，怎么能成就事业呢？

凑巧，两人又同时被一家小公司录用，这份工作不但薪水很低，而且很累，约翰不屑一顾地走了，而杰克却高兴地留了下来，努力地工作着。约翰走了一家又一家的公司，他在不断努力地寻找着机会。

两年后的一天，两人在街上相遇了，杰克因为努力工作积累了不少工作经验，现在的他已经有了自己的事业，而且生意很好，然而，约翰却连一个固定的工作也没有、温饱都成了问题。

约翰感到非常不理解：杰克连掉在地上的硬币都捡，这样的人怎么会成功呢？

事实上，任何一个想成就大的事业的人，必须肯从小事做起。因为你连一枚硬币都不要，只是一味地盯着大钱，就很难发现和把握在生活中的机会，小钱都抓不住，怎么能抓住大钱呢？

犹太商人研究《塔木德》得出的结论是："即使是一美元也要赚"，而这一挣钱方法正表明了犹太人惯于采取"化整为零，积少成多"的战略，最后战胜强大的对手。

有些人一开始就摆出一副要赚大钱的架势，小钱不去赚，结果常常是两手空空，一分钱也没赚到。

其实，有很多大富翁、大企业家，都是从挣小钱起家的。从挣小钱开始，可以培养你的自信。因为挣小钱容易，每当挣到一笔钱后，你就会对自己的能力有所了解，你就会相信自己也有把事情做大的能力。

洛克菲勒曾说："从最底层干起，一点一点地获得成功，我认为这是搞清楚一门生意基础的最好途径。"这句话的含义是，任何一个人，如果想获得成功，都不可能做到一步登天，从底层做起，勤奋工作才是唯一可靠的出路。脚踏实地的努力，积累实力才是成功的秘诀。

所以，不要老想着一步登天，要实实在在从小钱挣起，一点一点积累，在挣钱的过程中体验人生的滋味，才有创造的快乐，才有成功的感觉。

现代社会每个人都想闯出一番事业来，而对一般人来说，没有大的背景难以成事，没有大笔的资金就难以创业。很多人是扼腕空叹，不知所为。"即使是一美元也要赚"，与犹太人的另一个生意经息息相通："生意从不嫌小，收费从不嫌高。"

在中国的饮食行业，有个大家耳熟能详的名字——蒋建平，他被提名建国60年餐饮60人，在第二届常州市文明市民暨"感动常州"十大新闻人物评选活动中榜上有名。他现任常州丽华快餐董事长。

他是送餐业的领跑者，创造"无店铺经营"新模式，但谁又能想到，他是从卖盒饭开始跻身亿万富翁之列的呢？

在2007年，蒋建平就拥有了10亿元资产。小时候，蒋建平家境贫寒，只读到初中就辍学了。走出校门后，蒋建平在粮管所当保管员。下岗后，接连两个月都没能找到工作，家里连买米的钱都是向父亲借来的。一天，饥肠辘辘的他，在一辆三轮车上花两毛钱买了盒米饭充饥。他从摊主的口中得知：卖盒饭很赚钱。他决定卖盒饭。

说干就干！蒋建平借了一辆三轮车开始卖盒饭。第一天，他和妻子忙碌了大半天，挣了110元。蒋建平看到了希望，整天骑着三轮车卖盒饭。由于他借来的三轮车没有执照，经常被城管没收，他只得既交罚款，又说好话。

蒋建平想开一家快餐店，由于没有多少资金，他就在常州一个偏僻的地方租了一间房子。没人知道他的快餐店，他就散发小广告。就这样，他的盒饭事业开始快速发展。

据中国烹饪协会统计，中国民营餐饮企业的平均寿命只有2.8年，而丽华快餐已经走过了14年，而且越做越大。尽管与那些资产上百亿的巨型企业相比，丽华快餐充其量也只是一个小企业。企业虽小，但它体现出来精神与风骨，却让人不敢小觑。

在很多人看来，快餐做的都是很简单的事情，但谁来把这些小事做好？谁来把这样的小事当成事业来做？全世界所有快餐做得好的，如麦当劳、肯德基等，他们做得也都很简单，但关键是要把很简单的事情做得非常的尽善尽美。很显然蒋建平比常人更深刻地理解到了这一点，他正在这条路上探索。

正如他自己总结的："把简单的事情重复做，做到极致。"

可能很多年轻人都觉得很诧异，蒋建平为什么能开创事业，一个人通过卖盒饭发家？但这是一个真实的创业故事。一个贫苦的人，很容易在别人不屑一顾的地方发现机会，别无选择地干起别人眼中最卑微的工作，别人认为不值得一提的收入，让他感到无比兴奋，这种兴奋就是成就伟业的强大动力。蒋建平的10多亿资产就来源于借来的一辆没有牌照的三轮车，来源于人们看不起的街头"盒饭事业"。

在现今社会，好高骛远、不脚踏实地是很多人的通病，他们是思想上的巨人，行动上的矮子，看到别人创业成功，他们也有了创业的冲动，并信誓旦旦要把它做好，一定要实现自己的目标，但却不愿意从一点一滴的积累开始，他们渴望成功，但他们的“愿望”仅是停留在“愿望”上，对于当下的工作，他们不屑一顾，眼高手低让他们始终与成功无缘。

总而言之，经商之初，一定要从积累开始，万丈高楼平地起，一美元都不愿意赚的人，怎么可能赚大钱？

塔木德启示

任何事情的成功都不是一蹴而就的，需要我们做出一点一滴的付出。小事成就大事，在每件小事上认真的人，做大事一定成绩卓越。大凡那些成功攫取第一桶金并在事业上做出一番成就的人，他们都是脚踏实地的人，他们无不是着眼于现在以及关注于手头上的每一件小事，在积累中实现卓越的。

二、要赚钱就要有创新意识

犹太人是世界上最会赚钱的民族，他们在经商上的创新意识是令人瞠目结舌的，一些有成就的犹太人，就是凭借自己的超前意识在社会上独树一帜、独领风骚的，他们能够根据当下的形势分析出未来最赚钱的行业，然后采取行动，从而把握未来，让他们成为事业上的先行者。

犹太人狄奥力·菲勒是世界上著名的企业家，他并非出生于贵族和官宦之家。相反，他生于一个贫民窟，在幼时的他就表现出了与众不同的财富眼光。

在他很小的时候就做了第一笔生意。那时，他想买玩具，可是又没钱，于是，他把从街上捡来的玩具汽车修好，让同学玩。然后向每人收0.5美元。很快，不到一个星期的工夫，他挣到的钱就能买一辆新的车了。从这件事中，他收获颇多。

成年后的菲勒更是有着惊人的生意头脑。一次，日本的一艘货轮遇到了风暴，船上的一吨丝绸被染料浸过，上等的丝绸变成了没人要的废品，面对这种情况，货主打算把这些布匹都扔了。菲勒听到这个消息后，马上找到货主，表示愿意免费把这批废品处理掉，货主非常感激。得到这匹布，他就把它做成了迷彩服装，这笔生意让他赚到10余万美元。

再后来，菲勒曾用10万美元买了一块地皮。一年后，新修建的环城路在那块地附近经过，一位开发商用2500万美元从他手中买走了那块地。

菲勒的思维是与众不同的，他有一双发现财富的慧眼，能够“在别人司空见惯的东西上发掘商机”，这是菲勒最可贵的创业资本，也是他成功的秘诀。

自古以来，人类就是在不断的创新中不断进步的，可以说，人类如果没有创新，只会停滞不前。同样，作为个人，如何保持思考创新，直接关系到一个人的事业成败，因为只有创新才能激活自己全身的能量。有效的创新会点击人生火花，成为生存的梦想和手段。谁有创新思想，谁就会成为赢家；谁要拒绝创新，谁就会平庸。

20世纪，在美国西部，掀起了一阵淘金热，千万人涌入那里，虽然成功者不少，但在历史上留名的却很少。但是围绕淘金热成为富人的卖水者、买牛仔裤的，却成了一个个的传奇被后人敬仰。原因就在于，淘金者干的是力气活，围绕淘金服务的成功者，干的是脑力活，善于思维者才能不断成功。牛仔裤的发明者李维·施特劳斯，就是淘金热里面的不朽传奇。

李维·施特劳斯是第一个发明牛仔裤的人，他创立了著名品牌“levi’s”，1979年，李维公司在美国国内总销售额达13.39亿美元，国外销售盈利超过20亿美元，雄居世界10大企业之列，他由此成为最富有的牛仔裤大王。

李维也是一名犹太人，他年轻时，带着梦想前往西部追赶淘金热潮。一日，他突然间发现有一条大河挡住了他往西去的路。苦等数日，被阻隔的行人越来越多，到处是怨声一片。而心情慢慢平静下来的李维突然有了一个绝妙的创业主意——摆渡。由于大家急着过河，所以没有人吝啬坐他的船，他人生的第一笔财富居然因大河挡道而获得。

渐渐地摆渡生意开始清淡，李维决定继续前往西部淘金。来西部淘黄金的人很多，但卖水的人却没有，所以，水在这个地方成了最珍贵的东西。不久，他卖水的生意便红红火火。后来，卖水的人越来越多，终于有一天，在他旁边卖水的一个壮汉对他发出通牒："小伙子，以后你别来卖水了，从明天早上开始，这儿卖水的地盘归我了。"他以为那人是在开玩笑，第二天仍然来了，没想到那家伙立即走上来，不由分说，便对他一顿暴打，最后还将他的水车也一起拆烂。李维不得不再次无奈地接受现实。然而当这家伙扬长而去时，他却立即又有了一个绝妙的好主意——把那些废弃的帐篷收集起来，洗干净后，缝制成衣服，那么一定会有人愿意买。就这样，他缝成了世界上第一条牛仔裤。从此，他一发不可收拾，最终成为举世闻名的"牛仔大王"。

尽管在世界著名服装设计师的名单中并没有李维·施特劳斯，但没有一位服装设计大师的作品能像牛仔裤那样遍及全世界，而且经久不衰。经过140多年的发展，李维公司已发展成为在世界10多个国家和地区开办了近40个生产经营机构的国际公司，年产牛仔裤超亿条。如今，世界上牛仔裤虽已出现众多品牌，但李维牛仔裤在世界70多个国家的销售量仍稳居第一。

其实每个人都有自己的创新意识，有的时候只是处于隐蔽状态，未曾开发出来而已。因此，新时代的年轻人们，只要你敢于突破常规、敢想敢干，一样能够突破自我。

塔木德启示

在当代社会，新学科、新知识层出不穷，创业也需要人们更多的努力。要做到创新，就要注意加强对新知识的学习，孤陋寡闻，学识浅薄，是不可能获得财富的。

三、抓住信息才能赚大钱

在犹太人看来，要经商成功，就必须要掌握最新的信息，而且，他们很早就开始运用自己掌握的信息赚钱了。在《塔木德》中有这样一句富有哲理的话："即使是风，只要用鼻子嗅嗅它的味道，你就可以知道它的来历。"所以，犹太富豪们一直都很重视信息的作用。

犹太人沃伦·巴菲特是众人皆知的"股神"。对于投资，他每天都会阅读至少五份财经类报纸，在购买每一支股票之前，他都会深入了解这家公司，至少是知晓这家公司连续三年以上的财务状况，以及了解这家公司在行业内的情报，自己要比其他人更了解这家公司，而巴菲特这样做的目的也是为收集更多的信息，以此确保投资的准确性。

信息时代的到来和互联网的发达，人们获取信息的渠道和方式越来越多，创造财富的机会也就无形中增大了很多。因此，别再抱怨自己不是商业间谍、捕捉不到商机了。如果你能综合各方面的信息，找到这个点，财富就会在你身边积聚起来。

朱莉娅，28岁；克莱格，29岁。美国willowbee&Kent旅行公司创始人。公司为旅游者提供全套服务的"旅游超市"，创立于1997年12月，1998年销售额是100万美元，1999年已达350万美元。

克莱格、朱莉娅是一对夫妇，在介绍他俩开办的这个"旅游超市"时，克莱格说："当时，没有一家公司能提供这么广泛的服务，绝对是物超所值。"目前，该旅行公司能在一个房间里为游客提供全方位服务，包括订票、购买旅游指南和探险服，以及与旅游相关的其他事宜。

大学毕业后，克莱格夫妇花了3年时间研究旅游市场。他们频繁地参加旅游主题的会展以获取经验。"我们的目标是办一个独一无二的、有强烈视觉冲击力的旅游公司。"他们把自己的创意告诉了Retell设计公司，请他们为自己的公司做形象策划。这家著名的设计公司极少为一家小店做设计，但他们被克莱格夫妇的创意打动了，觉得这种公司定位新鲜而独特，一定能吸引许多的旅游爱好者，从而挣大钱，于是为他们设计了一间极富个性的门店。

在克莱格夫妇这家旅游超市里，顾客一进门就感受到了旅游的浪漫。他们可以浏览数以百计的旅游手册，并可在交互式的电视前完成到世界各地的虚拟旅行。门口处是一个两层楼高的多媒体中心，环形屏幕上的秀色美景令人怦然心动。顾客可以一边看着酒店和游艇的录像，一边向旅游顾问咨询，勾画自己的梦之旅。这样温馨的情调，很快在旅游者当中广为流传，这种旅行社立即在美国风靡起来，并且向欧洲蔓延。

克莱格夫妇之所以能有如此独创性，找到这一商机，就是因为他们发现了市场潜力，看到旅游这一行业的未来前景，而这一切与他们积极亲近生活是不无关系的。

致富成功者，往往都是抓住了市场最新的变化，他们有敏锐的洞察力，能快速地察看出周围的事物变化并作出快速的反应。任何一个人，要想获得创业成功，就必须不断接受新事物和新信息，闭门造车只会让你的头脑越来越钝化。

对于那些渴望财富的人们，他们最大的苦恼就是找不到创业的方向，不知道从何处下手，而其实生活中处处都有商机。那些白手起家的成功者，看似是因为他们运气好，而实际上这是因为他们眼光敏锐，找到并抓住了稍纵即逝的时机，从而顺利地找到了他们成功的康庄大道。然而，这种独特的眼光并不是人人都有的。我们在羡慕他们伸手快的同时，更应该努力培养自己，让自己也有一种执着的商业意识，那些迟钝的人，即使财富已经降临，他们也会视而不见。

因此，要致富，我们还要注重生活积累。当你的头脑里充满了新的东西时，大脑的工作速度会自然加快，对信息进行分析、思考、判断、推理之后，你就会找到最适合自己的行事方法，因此创造力就是如此产生的。

在日新月异的当今社会，我们周围的人和事每天都在发生着变化，信息更新之快是我们无法想象的，一些人总是能保持敏锐的触觉，看到自己的位置，然后投身到财富的创造中去；而也有一些人，他们总是迟钝木讷，等到别人已经收钱庆祝时，他才意识到自己错过了机遇，只能空留嗟叹。当然，对于刚刚起步的穷人来说，我们不必将眼光放得太高远，我们不必关注世界，可以关注国内，关注身边的事，甚至可以关注你所在的一条街。在一个有限的范围内你又是第一人，因为世界无限大，而你生活的世界却不太大，或者说，你只需要在一定的范围内成功就可以了。

要知道，我们不是全才，不可能插手每个行业，但我们可以多了解四周的环境，机会来临时，究竟能否成功，在心里盘算一下，大概可以略知一二了。

塔木德启示

任何人，要想获取成功，都要将信息的因素考虑进去，现代社会，创新的重要性已经被人们所了解，每一个创业者，要想获得财富，都要注重观察能力的培养，随时掌握并运用新的知识，我们才有可能成为时代的宠儿。

四、头脑灵活，不断接受新的挑战

犹太人的经商成就已经告诉我们，犹太人是非常有智慧的，他们除了具备勤奋这一品质外，还崇尚思维的力量，在世界各地，哪里有犹太人，哪里就有财富，他们总是善于根据时势和经济环境来制订自己的经商目标，头脑灵活是造就很多犹太富翁的重要原因。在犹太人中间，流传着这样一个故事：

“二战”前夕，犹太人萨利赫父子从德国逃亡到了美国，他们安身于一家缝纫机厂——为老板推销缝纫机。

刚开始，他们的推销成绩不错，但自从“二战”全面爆发后，他们的缝纫机就很难推销了，这就是战争对于商业的影响，这一点，萨利赫很清楚，任何一个行业都萧条了，更别说卖缝纫机了。

一次，父子俩谈起了推销的问题。

“父亲，我们还要继续推销缝纫机吗？”萨利赫的儿子问。

“我们需要改行了。”萨利赫回答。

“那又去推销什么呢？”儿子问。

“我们可以去推销残疾人用的轮椅。”萨利赫说。

虽然儿子有点诧异，父亲为什么有这样的想法，但还是按照父亲的意思开始推销轮椅，因为他知道父亲有着超人的经商智慧。

萨利赫的眼光果然准确，那些在战争中伤残的战士和人们，都前来购买轮椅，一时间，轮椅被抢劫一空，在一年之内萨利赫父子推销出去5000多辆轮椅。

萨利赫父亲赚到了不少钱，一次，儿子又开始担忧起来："战争快要结束了，恐怕我们的轮椅不好推销了。"

"战争结束后，人们最希望获得的是什么呢？"萨利赫启发儿子说。

"最希望安稳美好的生活，因为人们已经厌倦了战争。"儿子回答。

萨利赫进一步说："美好的生活首先来源于什么呢？来源于健康的体魄，所以，战后人们会逐渐重视身体的健康，那以后我们就推销健身器材吧。"

当时，萨利赫父子的推销业绩并不太好。不久，年老的萨利赫去世了。但儿子坚信父亲的远见，仍然推销健身器材。结果战后10年多的时间，健身器材果然大受欢迎，由于萨利赫父子的远见卓识，他们捷足先登，厚积薄发，在该行业有很深的基础，很快，萨利赫的儿子就进入了百万富翁的行列。

从萨利赫父子的经商故事，我们看到了犹太人的经商智慧和变通思维，无论外界经济环境如何变化，他们总是懂得调整自己的经商方向和目标，所以总能赚到钱。

任何人要想在竞争中脱颖而出，都不能忽视思维的力量，那些头脑灵活以及拥有思想的人更能打拼出一条路。因为在打拼的过程中，谁都会遇到难题，只有开发大脑，能做到运筹帷幄，才能解决难题。诚然，在难题面前，任何人都可能会产生一些焦躁的情绪，但焦躁对于事情的解决毫无帮助，我们只有静下心来，才能冷静地思考解决的方法。

在生活中，失败平庸者多，除了心态问题外，还有思维能力，他们在遇到问题时，总是挑选容易的倒退之路。"我不行了，我还是退缩吧。"结果陷入失败的深渊。成功者遇到困难，总能心平气和，并告诉自己："我要！我能！""一定有办法"。因此，我们的思维也需要做到与时俱进。有时候，可能你觉得你已经进入了死胡同，但事实上，这只是你没有找到出路而已，而改变事物的现状就是运用思维的力量，思路一变方法来，想不到就没办法，想到了又非常简单，人的思维就是这样奇妙。

曾经有这样一句话："要取得今天的成功，就要在教育与努力之外再加上这些要素——有创造性的、想象力丰富的心灵。"这句话告诉我们创造性思维的重要性。的确，当今社会已经是个信息时代，任何成功者无不是抓住了成功的商机。因此，我们也应该记住犹太人的经商法则，也要学会在日常生活中多开动你的大脑，培养自己的创造性思维和创造力。

洛克菲勒曾经在写给儿子的信件中提到："我相信，做任何事都不可能只找到一种最好的方法，最好的方法正如创造性的心灵那样多。没有任何事是在冰雪中生长的，如果我们让传统的想法冻结我们的心灵，新的创意就不会滋长。"

爱因斯坦也曾说："想象力比知识更为重要。"在创新的过程之中，最可怕的是想象力的贫乏。可以这样说，人的一切发明与创造都源于想象力。一个人一生的成就，全归功于他能建设性地、积极地利用想象力。只要有与众不同的想法，才能有与众不同的收获。

塔木德启示

拒绝新的挑战是非常愚蠢的，而传统型的想法是我们创造性计划的头号敌人。我们每个人都应该让自己的思维变通起来，当大家都朝着一个固定的思维方向思考问题时，你不妨换个方向思考，这实际上就是以"出奇"去达到"制胜。"这种思维方式一旦运用到工作中，效率就会大大提高，你也可能会得到不同寻常、出其不意的成功。

五、眼光长远，做生意要有预见性

犹太人认为，要想赚钱，就不能限制自己的头脑，就要勇于打破传统思维，但更要有远见，目光短浅者与财富无缘。

虽然经商的目的是为了赚钱，但是如果一味地盯着眼前的利益，鼠目寸光，就会导致生意失败；只有讲究一定的赚钱策略，富有远见，处理事情懂得放眼未来，从大处着眼，才能赚到大钱。

所以，要想做一个运筹帷幄、决胜千里的商人，就不能目光短浅，唯利是图。一定要深谋远虑，从多个方面着想，看到未来的发展趋势，抓住对自己有利的一面，为自己谋取更大的利益。总而言之，作为商人不单要向钱看，更要向前看！

犹太人罗斯柴尔德是一个很精明的商人，长时间的生意经验让他十分清楚地意识到，要在这个犹太人备受歧视的社会里脱颖而出，最有效的办法就是接近手握巨大权势的领主并博得其欢心。

好不容易，罗斯柴尔德被通知可以接受当地领主的接见。这是个十分难得的机会，他觉得自己一定要把握住。因此，他不但把花了很多心血和高价收集的古钱币以低得离奇的价格卖给公爵，同时还极力帮助公爵收古币，经常为他介绍一些能够使其获得数倍利润的顾客，不遗余力地帮公爵赚钱。

如此一来，公爵不但从买卖中尝到了很多甜头，对古钱币的兴趣也越来越浓。罗斯柴尔德和他的关系逐渐演变为带伙伴意味的长期关系，远非只是普通的几笔买卖关系。

罗斯柴尔德是个舍得下血本的人，他为了实现长期战略，宁可舍弃眼前的小利。这种把金钱、心血和精力彻底投注于某个特定人物的做法，日后便成为罗斯柴尔德家庭的一种基本战略。如若遇到了诸如贵族、领主、大金融家等具有巨大潜在利益的人物，就甘愿做出巨大的牺牲与之打交道，为之提供情报，献上热忱的服务，等到双方建立起无法动摇的深厚关系之后，再从这类强权者身上获得更大的收益。如果说一两次的“舍本大减价”一般人也可能做得到的话，罗斯柴尔德这种一直“舍本”帮助别人赚钱的做法不能不说是难能可贵的。虽然他得以在宫廷出出进进，但是自己在经济上仍然相当拮据。

在罗斯柴尔德25岁那年，他获得了“宫廷御用商人”的头衔。罗斯柴尔德的策略奏效了。

放长线钓大鱼，舍小利获大利，这就是成功的犹太商人的生意经，也是罗斯柴尔德获得成功的心得。在交际中也是如此，要想得到长期的利益，必须在开始时让对方尝到他一辈子也忘不掉的甜头。

在经商这一问题上，犹太人从不会做一锤子买卖，这是当今社会的生意人需要学习的。然而，在现实生活中，有些人却是鼠目寸光，吃不得眼前亏，心胸狭隘，容不得一点损失，最终，他们难以成就大事。

因此，经商一定要有长远的眼光，不计较眼前的小事，而是关注于长远的发展，从而达到舍小利而保大局的目的。

犹太人洛克菲勒曾说：“没有想好最后一步，就永远不要迈出第一步。”这是一种思维的远见性。在生活中，我们也常听老人说：“做事之前就要想到后面四步。”向前每走一步，我们都需要有相应对的方法，如果不能看得那么远，至少我们需要看见一步。我们做事情，不仅需要稳当、周全，而且不要急于求成，更不要被眼前的小事所累。在时机未成熟之前，我们一定要把持住自己。一个成大事的人，眼光总是比身边的人看得稍远一点。因此，每个年轻人，纵使现在的你还年轻，但也应有意识地训练自己的思维，凡事多考虑，尽量做到思虑周全，这样才能帮你少走很多弯路。

洛克菲勒曾经告诉他的儿子小约翰：要善于制订计划，计划能帮助我们知道想要什么，能达到什么效果。同时，应珍惜时间，因为每一刻都是关键，都能影响生命的过程。在下决心之前，不需要太急促，遇到重要问题时，如果没有想好最后一步，就永远不要迈出第一步，要相信总有时间思考问题，也总有时间付诸行动，要有促进计划成熟的耐心。一旦做出决定，就要像斗士那样，忠实地去执行。

从洛克菲勒的话中，我们可以看出来一点，在做决策之前，一定要反复思考，思维要有远见。著名的美孚公司曾做了一次赔本买卖，可是，从最后的结果来看，它虽然放弃了眼前的利益却收获了长远的发展，小利变大利、利滚利、利翻利，先前看似赔本的“买卖”，最终却收获了高额的利润。这是一种商业中的计谋，也是每一个人需要的智慧。有时候，之所以需要我们学会自控，不要被眼前的小事影响，其实是为了以后更长远的发展。

塔木德启示

商场形势变化莫测，竞争激烈异常，只有善于谋划，有远见的人才能站得住脚跟，不被商场的滚滚洪流所淘汰。因此作为商人，一定要有敏锐的眼光，能够根据眼前的情形推断未来的状况。只有这样，才能让生意兴隆，财源滚滚。

第3章

瞄准你的生意圈，有的放矢才赚钱

任何人都想赚钱，但成功赚到钱的人并不多，因为赚钱要讲究方法。犹太人认为，财富掌握在有钱人的手中，要想赚钱就要想方设法赚有钱人的钱，这样才能赚大钱。而且经过长期的实践，犹太人摸索出了一条78：22原则，即78%的财富被仅22%的人口占有，而其余78%的人只占剩下的22%的财富。掌握这一原则赚钱，就能在最短的时间赚到最多的财富，而这一点，应该成为每一个商业人士学习和借鉴的方法。

一、做有钱人的生意

在生活中，如果你能懂一点经济学常识，大概听说过著名的“洛伦兹”曲线，这个曲线表明了收入分配的格局，即财富不是平均地掌握在人们的手中，而是恰恰相反，拥有收入（财富）的绝大多数的人只占总人口中的一个比较小的比例。比如说，80%的财富被仅20%的人口占有，而其余80%的人只占剩下的20%的财富。通俗点说就是，大部分的钱在有钱人手里。

从经商的角度来看，犹太人指出，有钱人更有购买能力，所以他们的经商法则是：做有钱人的生意。

“钱在有钱人手里”。这或许是一个再简单不过的道理，但真正理解这句话，而且将其淋漓尽致地运用到商业运作和经营中的，大概就只有犹太人了。我们都知道，美国大部分的财富都在犹太人钱包里，但事实上，犹太人只占美国总人口的很少一部分，甚至是可以忽略的，这一点，在世界其他国家，比如，亚洲、欧洲一些国家也是如此，犹太人总是独占金融和商界鳌头，百万、千万、亿万富翁大有人在，如果有人问他们何以生财有道，他们会漫不经心地说一句：“钱本来就在有钱人手里。”这句话就是要告诉我们，要赚那些有钱人的钱，这样就可以快赚钱，赚大钱了。

犹太商人利用这个法则不但赚到了有钱人的钱，而且也通过有钱人来引领人们的消费。事实上，不少经济学者已经发现：尽管人们总是鼓励自己在周围购买需要的产品，但是实际情况并非如此，这大概就是虚荣心作祟的原因。比如，人们不愿意在平民区购买适合他们的饰品和皮革，这些产品质地优良，而且都很精美，但是就是有很多的贵妇人宁愿花几千几万买一件并不适合她们的晚礼服或者珠宝，大概她们考虑的就不是商品本身的价值，所以，一味地把经商的眼光放到穷人身上，生意未必很好。

既然“钱在有钱人的手里”，犹太人的生意经就是，想方设法去赚有钱人的钱。许多廉价商品虽然很容易流行，但生命期却很短。

我们知道，要使某种商品流行起来，最重要的是先让它在那些有钱人当中流行，特别是对那些比较昂贵的奢移品更是这样。一种商品，当它在有钱人中流行时，就会在一般老百姓中形成一种示范效应。这好比中国明清时代的蛐蛐热、斗鸡热，刚开始，也就是有钱人的公子哥或皇族的少爷小姐们的爱好，后来便有一些稍微有点钱，一心向少爷阔少们看齐的较普通的大众竞相效尤，最后便在普通的百姓中流行起来了。“人往高处走，水往低处流”，一般人都是羡慕上流社会，且愿意与上流社会接近，上流社会流行的衣饰、运动、口味风格无疑对一般人有很大影响，尤其对女性、少男少女影响更甚，他们总会去赶潮流，竞相模仿。犹太人深谙此道，并以此来操纵流行趋势。如犹太富豪罗斯柴尔德的发迹，就是利用古钱币让其先在上流社会中流行起来，然后再普及到大众中间；此外，日本的汉堡大王藤田的发迹史也体现了这一点。

银座犹太人藤田先生不仅靠汉堡包大发其财，而且还做女人和小孩的生意，如钻石、时装、高级手提包、玩具等。在经营过程中，他首先把对象放在上流社会中有钱人的流行趋势上，无论是钻石的花样，服饰的色彩还是手提包的样式都是按照有钱人的喜好特制的。结果，他的产品不仅畅销，而且20年来经久不衰，从未发生过低价贱卖产品的事。

当然，藤田先生之所以总是独占鳌头、击败竞争对手，不仅因为他知道“要赚有钱人的钱”这一商业经，还因为他善于从实际出发，灵活多变。他知道，他的产品中那些欧美流行服饰只适合那些身材高挑、金发碧眼的欧美女性，而日本女性则是黄皮肤、黑头发、个子矮小，那些欧美服饰根本不适合她们，即使这些日本女性再有钱，也不会花冤枉钱买不适合自己的东西。所以，那些只知其一不知其二的商人们，虽然片面地赶上了有钱人的时髦，但不具体问题具体分析，恐怕最终还免不了亏本。藤田先生的成功，以及被称为“银座的犹太人”，恐怕与他灵活地运用犹太生意经有很大关系。

总之，在市场经济的大环境下，能够把握住流行时尚，无疑就握住了赚钱的上方宝剑，但把握一种流行趋势谈何容易，犹太人从有钱人下手的商业策略值得我们学习和借鉴。关注有钱人的流行趋势，从而引领有钱人的流行时尚，再加上仔细分析研究市场，商家就可以赶上潮流，甚至超前于潮流，这样就把握了主动，赚钱就是水到渠成的事了。

塔木德启示

犹太人常把经商的对象瞄准到少数的富人，而且做的都是价值不菲的钻石生意或珠宝生意，要么就是少有人经营的黄金和金融生意。虽然这些商品比较昂贵，但是却能获得高额利润。

二、犹太人的78：22法则

在自然法则中，有一个78：22法则。这个法则是怎么来的呢？首先，让我们画一个边长为10cm的正方形，再做一个内切圆，然后计算一下它们的面积，你就会发现，一个面积为100的正方形，它的内切圆的面积是78.5，其余面积为21.5。因而“78：22”是一个“规矩方圆”中不可逾越的法则，在人体中，水的比例为78%，其他物质占22%。

在漫长的经商生涯中，犹太人发现这个自然法则与一些商业经营活动有着天然的内在联系，这就是78：22法则。犹太人把这条法则作为从事一切商业活动的基础，作为一个总的指导原则。正是因为有了这条根本法则，所以犹太商人做起生意来，总是左右逢源，得心应手。

犹太人明白一点，每个城市大部分的财富都掌握在有钱人手里，要想赚钱，就要把眼光放到有钱人的圈子里，也就是要想方设法赚有钱人的钱，这样才能赚大钱。在发现这一点之后，他们又摸索出了著名的“78：22原则”，即78%的财富被仅22%的人口占有，而其余78%的人只占剩下的22%的财富。

掌握了78：22法则的犹太商人犹如商场的鹰，他们能快速地捕捉商机，进而施展巨大的魔法。由于78：22法则根深蒂固地生长在犹太人心底，所以犹太人掌握世界上绝大多数的财富。

也许你会问，犹太人是如何在具体的商业运作中运用这条78：22法则呢？在犹太商人看来，这一原则可以对商业规划起到指导和规划作用。

我们都知道，犹太人从人口上说只占世界总人口很小的比例，但他们的富有却是众所周知的。无论是在世界首富的美国，还是在亚洲富庶的日本，犹太人都在金融界或商业界独占鳌头，百万、亿万富翁不乏其人。那么他们为什么能拥有这么巨大的财富呢?这光靠有一个聪明的头脑是不够的，关键是他们掌握了78：22的经营魔法，这是犹太商人千百年来经商经验的精华。

犹太商人大部分专注于价格昂贵的钻石、珠宝或者金融生意，因为出入这些商圈的都是富贵人家，并且做这些生意，利润丰厚。

以钻石为例，这是一种高端的奢侈品，一般人消费不起，按照我们通常的概念，必定认为占据总人口数少的高收入人群，所占利润也一定少，然而，大家忽略的是，社会上的多数金钱都集中在居于高收入阶层的少数人的手里。换句话说，高收入人数和一般大众的比例为22：78，但他们拥有的财富的比例却要倒过来：78：22。犹太人告诉我们：赚“78”的钱，绝不吃亏！接下来，我们要提的是一个日本商人利用这一点赚钱的经过。

20世纪60年代末，有位商人看到了做钻石生意的商机，他来到某大型百货公司老总的办公室，希望这家百货公司能给自己一个摊位推销自己的钻石。然而，这位老板拒绝了他，理由是：“简直是开玩笑，现在正值年末，即使是财主，也是不会光顾的，我们不冒这种不必要的风险。”

然而，他并没有因为拒绝而放弃希望，他坚信78：22这条经营法则是对的，并且，他也说服了这家百货公司，不过这家百货公司答应给他的却是远离市中心的一家店面，很明显，人流量少，生意条件自然不好，但这位日本商人却毫不担心。

他明白一点，做钻石生意，不需要盯着普通人，因为这是有钱人的消费品，所以，只要抓住少数有钱人这些客户，就能赚到巨额利润。当时百货公司老总曾满不在乎地说：“我看，你最多一天能卖掉1000万元，就算不错了。”

日本商人则说：“我敢保证，我最少能卖到3亿元，不信你们就等着瞧吧，最终会证明我的观点的。”在旁人看来，这是绝对不可能办到的。但日本商人清醒得很，他能够胸有成竹地说出这句话来，无疑是源于对78：22法则的信心。

事实上，78：22法则很快就展现出它的神奇效用了，虽然这家店地处市郊，条件不利，但是每天最少卖到了5000万元，比一般人认为的300万要高出好多倍。当时正赶上年关时节，日本商人推出拍卖活动，吸引了大量前来购买的客户，随后，他和纽约的一家珠宝店进行合作，让其从美国运送一批钻石过来，很快被抢购一空，

接着，日本商人又在东京郊区及四周，再次设立了几个推销的分点，推销钻石，生意依然红火，每天生意额都不下5000万元。

相反，当时那家百货公司一开始就没有认识到有钱人掌握了绝大多数财富这一点，当日本商人已经将钻石生意做得如火如荼时，才低头提供摊位，结果效益反而不如其他本来相对萧条的商店。

那么，这位日本商人为何能将钻石生意做得如此成功呢？这其中，就是因为他运用了犹太人提出的制胜秘诀，那就是78：22法则。百货公司认为，钻石是贵重物品，就如同轿车一样，能买得起的人毕竟是少数，因此销路不好。而该日本商人的想法却正好相反，正因为钻石贵重，所以有钱人买得起，虽然这一部分人的数量在社会上占的比例不大，但却拥有大部分钱。赚这部分人的钱，效益必定很高，这正是犹太人78：22经商法则的最好运用。事实上，世界上的很多商人，也都认识到了这一法则的魔力，所以他们赚到了财富。

除了经商以外，犹太人还将78：22法则经营运作放到了投资上。他们认为，一项投资如果不赚钱的话，是不符合78：22法则的，应该停止运转。如果要赚钱，在经营中就必须懂得核算，这正如一个正方形的内切圆一样，投入的资本起码要达到一定的利润回报率才合算，如这个比率达不到的话就不合算乃至亏本，这样的生意就不能做。

另外，犹太人在刚起家时选用的放高利贷的赚钱法也是利用了这一法

则，他们瞄准了一些急需资金发展的企业，以高利贷的形式把钱借给那些企业，从中获取巨额回报，这样往往比自己创办企业要合算得多，而且也没有那么大的风险。

后来，犹太人发现各国经济都在不断发展，所以急需要资金，他们认识到放高利贷只不过是小打小闹了，接下来，他们将分散的金钱积聚起来，设立正式的金融机构，集中力量投资耗资多的、回报率高的大项目。这样做，既解决了当地政府发展经济的难题，又满足了企业发展的需求，而最重要的是，他们赚到丰厚的利润，可谓一举三得。

培木德启示

经商要讲究方法，赚有钱人的钱就是一个很好的方法。78：22法则告诉我们财富聚集在什么地方，也告诉我们应该把经商的重点放在哪里，这样才能让我们花最少的时间和精力赚到最多的钱。

三、掌握“厚利适销”的原则

传统观念认为，经商、做生意，“薄利多销”的经营方法会招来更多的顾客，我们不否认这种方法，然而，这是针对大众群体的经营方法，事实上，根据前面我们提到的78:22法则，大多数的财富掌握在有钱人手里，要想赚有钱人的钱，“薄利多销”的方法并不适用。

对此，犹太商人觉得进行薄利竞争，是一种愚蠢的做法。他们认为，商家之间通过压低价格来争取更多客户的心情是可以理解的，但是为何不反其道而行之呢？在还没有考虑以低价销售之前，为什么不想办法多赚取一些利润呢？再说，一味地压低价格，谁还有利润可赚？另外，市场商业界也有一定的限制，只要消费者把自己所需要的商品买够了，就是出售的价钱再低，也不会有人要的，因为他们已经有了一份，所以，即使再便宜，也不会再购买。

从这里，可以看到犹太商人在经商问题上的独特见解和智慧。他们绝不做薄利多销的买卖，却做厚利适销的生意。犹太商人对“薄利多销”的策略持相反的态度，是有他们的道理的。他们认为：在灵活多变的营销策略中，为什么不采取上策而采用了下策？卖出去三件商品所获得的利润只相当于卖一件商品的利润，这是下策，上策是经营出售一件商品。这样，既可省了各种经营费用，还可以很好地保持市场的稳定性，并很快可以按高价卖出另外两件商品。而以低价一下卖了三件商品，市场已饱和了，你再想多销也是不可能的了，因为你的商品已经无人问津了。

在经商活动中，犹太商人除了坚持厚利适销做法外，为了避免其他商人的“薄利多销”的冲击，他们宁愿经营昂贵的消费品，不经营低价的商品。因此，世界上经营珠宝、钻石等首饰的商人中，犹太人占大多数。犹太商人选择这个行业为主，显然是避开那些以薄利多销的竞争者，因为这些竞争者即使想经营首饰类资本密集型的商品，他们也没有资本或力量。

在美国纽约，有条著名的第42大街，在这条街上，有个门面不大的店，这家店是专门经营服装生意的店，店主是个叫卢尔的犹太人。

刚开始时，这家店的生意并不好，为了改善经营状况，卢尔请来了专业的服装设计师，设计了当下最流行的牛仔服。首先，他将牛仔服挂在店里卖，他满以为生意会好起来。因此，他投资了6万美元，第一批就生产了1000件，其成本每件为56美元。基于打开市场的需要，他采取了低额定价策略，把每件衣服定为80美元，在当时纽约的这条第42大街上，这样的价格显然是非常低的了。卢尔心想，就凭着店里衣服的新颖款式和低廉的价格，开业的那一天一定会开门大吉。但是事实和他想的相差太远，真的到了开业那天，情况正好相反。

卢尔很卖力地叫卖了两周时间，但销量依然不好，卢尔有点心灰意冷，总不能一直这样吧。后来，他决定把每件衣服的价格再下降10元出售，又呼天喊地地叫卖了两个礼拜，但是购买者仍不见增多。卢尔认为，可能还是价格高了，所以，他又降价了10美元，这次的价格可以说是接近跳楼价了，但销售状况仍是“外甥打灯笼——照旧”。干脆大甩卖吧，每件50元，工本费都不要了，实行赔本清仓。可除了吸引不少看客外，并没有几个真正购买的顾客，大部分购买者都是“落花流水春去也”，看过热闹之后就不会再光顾他的店了。

这时，卢尔绝望了，他再也想不出任何办法，他只好自认倒霉，因此他也不再降低叫卖了，他让店里的人在店前挂出“本店销售世界最新款式牛仔服，每件40美元”的广告牌，至于能否销售出去，就只好听天由命了。

没想到广告牌刚挂出去，倒陆续地来了不少购买者，他们兴致盎然地挑选起来。站在一旁的卢尔这回可傻了，呆若木鸡地立在一旁。原来是他的店员一时粗心大意，在40的后面多加了个“0”，这样一来每件从40美元就变成了400美元了，价格一下子提升了10倍之多，但是购买者反倒大大地增多了。广告牌刚挂出一会儿，就卖出了几件衣服，并且随后的销售状况是越来越好，“芝麻开花节节高”，生意变得越来越火爆。

一个月的时间过去了，虽然卢尔仍然是“丈二和尚摸不着头脑”，糊里糊涂地，但他的1000件牛仔服已经全部销售一空。差点血本全无的卢尔，转而发了笔横财，高兴得不得了。只是他一直不明白，采取低廉定价法衣服一件卖不出去，为什么意外导致的高价反而扭转乾坤，一举赚取了高出原来预期10倍的利润呢?

故事中的卢尔为什么会赚到大钱呢？其实，这是消费者的购买心理在起作用。卢尔的牛仔服销售对象主要是那些赶时髦的买贵不买贱的有钱年轻人，他们对服装的要求比较高，他们讲求派头，以满足自己的虚荣与爱美之心。虽然卢尔的牛仔服装款式新颖，但因为一开始他把价钱定得太低了，消费者会认为“便宜没好货，也会没面子，当他无意中把价格抬高10倍的时候，购买者都以为价高而货真，所以大家都蜂拥而至。”

其实，犹太商人这种“厚利适销”的营销策略是以有钱人作为着眼点的。这是一种巧妙的生意经。讲究身份、崇尚富有的心理无论是在西方社会还是东方社会，都比比皆是。名贵的珠宝、钻石和金饰一掷千金，只有富有者才买得起。既然是富裕者，他们付得起，又讲究身份，就不会对价格太过计较。相反，如果商品定价过低，反而会使他们产生怀疑。俗话说“价贱无好货”，这句话在富有者心中印象最深。犹太商人就是这样抓住消费者的心理，使厚利策略得到很好的应用。

塔木德启示

物美价廉、薄利多销是一种十分有效的竞争手法，而这也正是符合一般消费者心理特点的定价策略。但是，针对掌握绝大部分财富的有钱人来说，营销手段正应该相反——厚利适销。

四、关注有钱人的流行趋势

在经商中，犹太商人的眼光非常独到，他们发现，世界上绝大多数的财富掌握在为数不多的富人手中，而富人又是消费的集中区，他们经常会引领世界的潮流，独领风骚。犹太商人利用这一点总结出：要关注有钱人的流行趋势。因为在有钱人中风行的东西，在不久的将来，就会在中产阶层中流行开来。即使没有大钱的人也会因为爱慕虚荣，买些上流阶层的人买的东西，以此来显示自己的高贵。

这其中的道理其实非常简单，介于上流社会与下层社会之间的中产阶级，他们总想进入富人的阶层，由于虚荣心的驱使，为了满足心理需求或为了面子，他们也会去购买富人阶级的时髦商品。

而一些生活在下层社会的人士，他们则往往力不从心，价格昂贵的商品消费不起，但崇尚富有的心理作用，总会驱使一些爱慕富贵的人行动，也不惜付出与其身份不符的代价而购买。这样的连锁反应，会使昂贵的商品也成为社会流行品，如金银珠宝首饰，现在不是已成为各阶层妇女的宠爱吗？彩电、音响等原来被认为是昂贵的商品，现在也进入了平民百姓家庭，连一些高级轿车似乎也成了大众的生活必需品。

人往往羡慕上流社会的生活，且愿意与上流社会接近。上流社会流行的衣饰、运动、口味、风格无疑对一般人有很大影响，尤其对女性，她们总会去赶潮流，竞相模仿。

因此，犹太商人想方设法赚有钱人的钱，还通过有钱人来引领人们的消费，特别是那些比较昂贵的奢侈品。

发源于老百姓的东西虽然来势凶猛，而且流行面广，但是维持的时间较短。而发源于富人的东西，虽然流行得较慢，但是持续时间却很长，一般从富人普及到穷人至少需要两年的时间，而在这两年的时间内，一旦把握住流行趋势，就可以获得成功。所以，犹太人经常使用的销售策略是厚利适销，而不是薄利多销，因为他们主要的销售对象是富人。而且，他们不用担心商品会过时，因为即使商品在富人阶层中没有市场了，他们还可以将其推销给普通大众，商品在这个人群中仍然有很大的利润空间。比如，上流社会流行的服装、运动、风格，对人的影响都是很大的，尤其是对于女性和青少年来说，这样的影响力更是非凡的。哪个女人不希望自己能有块钻石、宝石之类的饰品？虽然经济能力有限，但是在经济不富裕的人群中，也依然会有奢侈品的踪影。

由此可见，犹太商人的“厚利长销”策略有“醉翁之意不在酒”之意，他们采取这种做法是为了以后远大的市场着想。

现代人普遍讲究身份，爱慕虚荣者更是比比皆是，在现今上流社会流行的产品，很快就会在中下层社会流行起来。根据犹太商人的统计分析，上流社会的商品，一般在两年左右，就会在中下层社会流行起来，并且他们运用这一方法屡试不爽。同样，在现实生活中的生意人，也要关注有钱人的流行趋势，再仔细分析研究市场，商家就可以赶上潮流，甚至超前于潮流。这样也就把握了主动权，赚钱就是水到渠成、时至花开的事了。

还有一点值得一提，我们销售的产品，最好是要“奇”货，是地地道道的新产品，因此才能满足这部分消费者的需求。如果你出售的是一些司空见惯、毫无新意的产品，把价钱标得再高也销不掉，因为有钱人不会重复花钱购买一些过时的东西。

犹太商人认为，“奇货可居”是经商者采取高额定价的基本原则之一。所谓奇货，不仅包括新产品、稀有产品，也包括名牌产品。对名牌产品，人们看重的是它的名气。换句话说，名气是它们的本钱，而名气从哪里来，是靠高价格培养出来的。名牌产品在营销中采用高额定价法，能够巩固名牌的高贵地位，保持特优的身价，维护其至高无上的优势，赚取的利润也就相当高了。

总之，“越是流行的东西，越是有钱挣。”应该将这句话视为赚钱的真理。并且，要巧妙地利用人们向上看的心理操纵流行趋势。另外，人们的需求经常会发生变化，市场也在不断地发生变化，今天还在畅销的商品，也许明天就没有了销路。拥有时刻关注有钱人流行趋势的智慧，就是犹太人在商界能够持续取得成功的法宝。

塔木德启示

商机是瞬息万变的，能够把握一种流行趋势真的很不容易。一个商人要想抓住流行趋势，就一定要将眼光放在富人的身上，在做任何一笔生意之前，一定要仔细研究，分析市场，还要敢于超越潮流。

五、精于借势，成就事业

作为中国人，都知道太极的精髓在于“借力打力”“四两拨千斤”“以柔克刚”，懂得借助他人力量的人，取得的成就常常会超越他人。一个懂得借力的人，讲究的策略是后发制人，敌动己不动，战胜对手，有时甚至可以在不利的条件下，使自己反败为胜，永远立于不败之地。

可以说，犹太人是精于借势的最佳代表。犹太人不论是商界或科技界的成功者众多，普遍都具有善于借助别人之智的本领。

犹太人密歇尔·福里布尔经营的大陆谷物总公司，就是懂得这一道理，进而从一间小食品店发展成为一家世界最大的谷物交易跨国企业。密歇尔不惜花重金聘请具有真才实学的高科技人才来为自己效力，另外，他还引进了先进的通信科技设备，这样，使其公司信息灵通，操作技巧精通，竞争能力总胜人一筹。他虽然付出了很大代价取得这些优势，但他借用这些力量和智慧赚回的钱远比他支出的大得多，可谓“吃小亏占大便宜。”

在犹太人中间，还流传着这样的财富故事：

在美国乡村，有个老头和他的儿子相依为命。

一天，一个人找到老头说要将他的儿子带去城里工作，老人愤怒地拒绝了这个人的要求。这个人又说："如果你答应我带他走，我就能让洛克菲勒的女儿成为你的儿媳，你看怎么样？"老头想了又想，终于被儿子能当"洛克菲勒的女婿"这件事情说动了。这个人精心打扮后，找到了美国首富、石油大王洛克菲勒，对他说："尊敬的洛克菲勒先生，我想给你的女儿找个对象。"洛克菲勒说："快滚出去吧！"这个人又说："如果我给你女儿找的对象是世界银行的副总裁呢？"于是洛克菲勒就同意了。最后，这个人找到了世界银行总裁，对他说："尊敬的总裁先生，你应该马上任命一个副总裁！"总裁先生摇着头说："不可能，这里这么多副总裁，我为什么还要任命一个副总裁呢，而且必须马上？"这个人说："如果你任命的这个副总裁是洛克菲勒的女婿呢？"总裁立刻答应了。

在这个人的努力下，那个乡下小子不但娶了洛克菲勒的女儿，也成为了世界银行的副总裁。

这是一个财富故事，苏格拉底说过，真正高明的人，就是能够借助别人的智慧，来使自己不受蒙蔽。那个乡下小子之所以能成为世界银行的总裁，还能娶到克洛菲勒的女儿，就是因为人脉，让他一下子由一个穷苦的乡下人摇身一变成为众人羡慕的贵族。

我们现实生活中的每个人，都应该学习借力打力的智慧。在竞争激烈的今天，那些实力弱小的人，如果仅凭自己的力量是很难获得成功的。

一个有智慧的人，总是能发现有利于自身发展的有利资源，并为自己开拓更为广阔的天地。狐假虎威的故事就说明了这一点。

从前，在某个山洞中有一只老虎，因为肚子饿了，便跑到外面寻觅食物。当它走到一片茂密的森林时，忽然看到前面有只狐狸正在散步，它觉得这正是个千载难逢的好机会。于是，便一跃身扑过去，毫不费力的将它擒过来。可是当它张开嘴巴，正准备把那只狐狸吃进肚子里的时候，狡黠的狐狸突然说话了："哼！你不要以为自己是百兽之王，便敢将我吞食掉；你要知道，天地已经命令我为王中之王，无论谁吃了我，都将遭到天地极严厉的制裁与惩罚。"

老虎听了狐狸的话，半信半疑，可是，当它斜过头去，看到狐狸那副傲慢镇定的样子，心里不觉一惊。原先那股嚣张的气焰和盛气凌人的态势，竟不知何时已经消失了大半。虽然如此，它心中仍然在想：因为我是百兽之王，所以天底下任何野兽见了我都会害怕。而它，竟然是奉天帝之命来统治我们的！

这时，狐狸见老虎迟疑着不敢吃它，知道它对自己的那一番说辞已经有几分相信了，于是便更加神气十足地挺起胸膛，然后指着老虎的鼻子说："怎么，难道你不相信我说的话吗？那么你现在就跟我来，走在我后面，看看所有野兽见了我，是不是都吓得魂不附体，抱头鼠窜。"老虎觉得这个主意不错，便照着去做了。

于是，狐狸就大模大样地在前面开路，而老虎则小心翼翼地在后面跟着。它们没走多久，就隐约看见森林的深处，有许多小动物正在那儿争相觅食，但是当它们发现走在狐狸后面的老虎时，不禁大惊失色，狂奔四散。

这时，狐狸很得意地掉过头去看看老虎，老虎目睹这种情形，不禁也有一些心惊胆战，但它并不知道野兽怕的是自己，而以为他们真是怕狐狸呢！

这里，不可否认的是，狐狸是聪明的，它之所以能得逞，是因为它假借了老虎的威风，

在现代社会，借力生力无疑是人们出人头地的途径之一。当然，借力不仅是要借助他人的力量，而且可以借助他人的智慧、想法甚至是名声等。

独木不成林，单打独斗并不是明智的方法。那些事业有成的人，除了自身的智慧和能力外，还具有运用借势的智慧。一个人再聪明，条件再优越，也不是三头六臂，也需要借助他人的力量。由此可见，一个人要想成功，就应该懂得借势，而且还要在生活实践中灵活地运用借势。

塔木德启示

一个善于运用借势策略的人，常常善于发现当下的机会，或者他人身上的长处，并且能够加以利用，协调各方之间的关系，让好的形势为我所用，借助外力实现自己的目标。

第4章

营销智慧，从情感和心理上操纵客户更易成功

任何一个犹太商人都是精明的推销员，他们在成为富翁之前，都有着丰富的推销经验，他们告诉我们：在营销活动中，客户与我们接触之初，往往会存有一种戒备心理，认为销售人员是为其自身利益，千方百计地想把产品销售给自己，因此在与潜在客户沟通的过程中，我们最重要的任务就是让客户信任你。而“动人心者，莫先乎情”，人都是情感丰富的动物，只要做到以情动人，不吝啬你的关心，让准客户随时感受到你的关心，自然会取信于你！

一、要把握诚信第一的经商原则

在生活中，我们常提到“诚信”一词，诚信是市场经济条件下每个商人都必须遵循的准则。那么，什么是诚信呢？从道德范畴来讲，诚信即待人处事真诚、老实、讲信誉，言必行、行必果，一言九鼎，一诺千金等。俗话说“以诚待人，人自怀服”，在推销过程中，我们只有诚心待人，客户才会信服；玩弄技巧，客户就会敬而远之。因为，很多时候，我们推销的不仅仅是产品，还有自己的人品，实际上就是在推销诚信，所以任何欺骗客户的行为、言辞一旦被客户发现，就等于给产品、你自己乃至你的公司抹黑。

最会经商的犹太商人，他们有着过人的经商智慧，但他们为人也是十分的诚实和坦率。因为，他们认为市场经济既是竞争经济，又是诚信经济、法制经济。

在商业活动中，犹太人非常讲究诚信，他们恪守契约，绝不会违反约定。所以，有时候他们并不需要签订合同，而只需要口头的协议，一旦被认可，就会按照约定去完成，正是因为这样，犹太人素来以重信守约而赢得商界的美誉。

在《塔木德》中制定了许多规则，用来约束那些具有欺骗性的商业行为和手段。比如：不能有意地装扮奴隶，使其看起来更年轻、健壮，更不能把颜色涂在家畜身上欺骗顾客，并且货主有向顾客全面客观地介绍所卖商品的质量的义务，如果顾客发现商品有问题，而且这些问题都是事先没有说明的，则有权要求退货……但是，《塔木德》形成于世界上大多数民族还处在农耕社会的时期，而在那个时期，就预见了未来社会将以商业和贸易为主，并且阐述了诚信这一原则的重要性，这是极富有先见之明的。

犹太商人从不做“一锤子买卖”，他们更厌恶“打一枪，换一个地方”的这种恶劣行为，为此他们在世界各国给人留下的都是诚信生意人的印象。

犹太人不但经商有信誉，而且与非犹太人和谐相处，甚至竭尽全力去帮助犹太同胞或非犹太人，他们认为只有诚信相待，取信于人，才会交上真正的朋友，才不会四面树敌。

然而，在现实生活中，我们可以看到一些推销人员为了达到推销成功的目的，采用哄、骗的方式让客户提货，有的推销人员甚至承诺如何如何。开出空头支票，结果却不兑现承诺解决问题，使客户对其不满，引发信任危机，最后影响销售，如果客户不予以配合，市场工作难度就会进一步加大。因而，销售人员在工作中应诚心对待客户，找到客户需求，在维护企业的利益的同时站在客户立场上考虑问题，诚心为客户服务帮助客户，不能急功近利，要实事求是，说到做到，并让客户感受到你的诚心，一次、两次后客户就会理解你、尊重你，最终转变为积极主动的配合，这样才能达到销售人员的最终目的。

曾经有一家国际性的大公司招销售总监，这天，面试大厅里等候着很多人，很多是在销售行业经验丰富的老手，一个刚踏入社会的年轻人因为没有找到工作，也来碰碰运气。

这时，终于轮到他了，主考官在问过他的姓名和学历之后，又问道：

“干过推销吗？”

“没有！”年轻人答道。

“你知道销售员工作的目的是什么？”

“让客户了解产品，从而心甘情愿地购买。”年轻人不假思索地答道。

“你打算怎样跟推销对象展开谈话？”

“‘今天天气真好’或者‘你的生意真不错’。”主考官点了点头。

“你有什么办法把打字机推销给农场主？”

年轻人稍稍思索一番，不紧不慢地回答：“抱歉，先生，我没办法把这种产品推销给农场主。”

“为什么？”

“因为农场主根本就不需要打字机。”

主考官高兴地从椅子上跳起来，拍拍年轻人的肩膀，兴奋地说：“很好，你通过了，我想你会出类拔萃的。”

此时，主考官的心里已经认定这个年轻人将会是一名优秀的销售员，因为最后一题，只有这个年轻人的回答让他满意，以前的应聘者总是会胡乱编造一些方法，但实际上这些方法绝对行不通，因为谁愿意买自己根本不需要的东西呢?

销售人员最重要的是讲诚信，情景中的年轻人之所以能在考试中脱颖而出，赢得考官的好感，就是因为他诚实。从事推销工作，只有做到讲诚信，让客户信任你，客户才会放心地购买你的产品，因为只有讲信用的推销人员，才会有责任心，并将客户的利益放在心上，也才会做到前后一致、言行一致、表里如一。但相反，如果推销人员不讲信用、前后矛盾、言行不一，客户则无法判断他的行为动向，也就不愿意和这种销售人员进行交往，这样的推销员自然也没有什么魅力可言。

因此，诚信是成功进行推销的一个基本因素，因为没有人愿意和不讲信用的人打交道，也就更谈不上什么交易关系了，所以我们在进行口才展示时，务必要注意这一点，要不断地去表达“信用”，强调“信用”，特别是在熟悉的客户面前，这种信用更是成功销售的催化剂。

可见，要推销产品，对客户有谎言是销售的天敌，它会致使你的销售无法长久进行，所以只有以诚信卖产品，才会赢得客户的信任。因此，我们在面对竞争时，要用客观的态度去评论，这样才能让客户从中感受到你的诚心。

那么，我们怎样才能做到诚实守信呢?

1.真诚地和客户交谈

真正的口才，并不是口若悬河、滔滔不绝，尤其是在与客户初次接触的时候，客户一般都会对销售员心存芥蒂，你越是想表现自己，越会让客户觉得可疑。其实，你不妨诚恳、清晰地表达你的观点，话语不可过多，注意一些说话方式，诚实、中肯的说话就能让客户感觉到你是一个可信之人。

2.诚实对待客户

在销售行业中，一个出色的销售员并不是完全靠口才堆积成绩的，而是靠信誉，靠人品，在如今企业用人的标准中，品德第一，能力才是第二。销售员在推销产品时，一定要从客户需求和利益的角度出发，真诚地为客户服务，绝不能欺骗客户，更不能有半点虚假或者夸大其词。

3.指出产品的缺陷或不足

任何产品都不可能十全十美，比如包装、价格等方面，只是要看这些缺陷或不足有没有对客户造成困扰和影响，有些不足可以忽略，但有些则不可以。销售员在推销产品的时候，一定要诚实地跟客户讲清楚产品的缺陷或不足，不然等到客户找上门追问的时候，就不好回答了。

塔木德启示

在营销中，推销人员只有尽自己的能力来做好工作，并能诚实守信、实事求是地对待客户，才能与客户沟通起来更加顺畅，也更能赢得客户的信赖。

二、把顾客的反对意见抢先提出来

在销售过程中，客户总是存在这样那样的疑虑，而这正是阻碍成交的最大障碍之一。这也是有原因的，有些销售员为了尽善尽美地展现自己的产品，总是报喜不报忧，甚至把产品吹嘘得趋于完美，并刻意隐瞒产品或着服务的缺陷：你销售的化妆品明明是由化学物质制成的，你却说是绝对草本植物；你负责销售的电脑辐射明明很大，你却说电脑的辐射是行业里最小的，交货日期明明最起码需要一个月，你却说只要二十天……你这样说，并不会取得客户的信任，相反客户迟早会发现你的“伎俩”，只会给销售造成障碍。实际上，客户的一些疑虑我们完全是可以预防的，如主动提出客户的疑虑，把可能出现的问题“晾”出来，这样就等于给客户吃了一颗定心丸，从而对我们产生信任。

因此，犹太商人认为，能够事先把客户担心的问题想出来，然后在客户提出问题之前抢先一步说出来，并给出解决办法，这会让客户感受到你确实在为他着想。

犹太人马祖兹早期从事的是日常家用品的推销工作，其中就曾推销压力锅，他的客户毋庸置疑都是那些家庭主妇。

一般来说，这些主妇购买前肯定会提出压力锅的安全问题，马祖兹当然知道这一点，所以在介绍完产品后，就立即会说："现在你可能会问，它的压力会不会太大。这个你完全不必要担心，因为这个安全阀门的作用正是防止压力过大的。"

马祖兹首先把客户担心的问题说了出来，然后再加以解决，消除人们的顾虑。他必须保证，推销员不应该让顾客对一些根本不存在的问题感觉到担忧。

除了马祖兹外，很多犹太商人在发家之前都是从事推销工作的，而在推销活动中，他们都懂得先将客户的问题提出来，并把它作为你的论点，妥善处理好，以此来获得客户的信任。

这一点，我们也可以引以为鉴，因此我们可以这样做：

1."晾"出产品优点，让客户主动说"是"

小齐是一名供暖设备的推销员。一次，他要将一批供暖设备推销给某假日酒店，客户对他的产品很感兴趣，但到最后，却并没有如预料中那样顺利地成交。小齐知道问题是出在了价格上，于是他主动提出："王总，我明白，可能您觉得我们的产品贵了些，这一点我也承认，但在刚才我给您演示产品的过程中，您也看到了，我们的设备完全是一套节能环保型的设备，甚至可以变废为宝，这是其他任何供暖设备所不能做到的，将会为贵酒店带来很多可观的收益……"小齐说完后，对方连连点头，最后顺利签了约。

售案例中，销售员小齐之所以能成功地说服客户购买，就在于他能在客户提出价格异议前，主动告诉客户产品"贵"的原因。这样，客户就会打消"购买产品会吃亏"的疑虑，自然会选择购买。

销售过程中，最具说服力的劝服技巧无非是让客户自己承认产品的优良、服务的到位等，让客户在拒绝之前先说"是"，就能有效将客户的拒绝遏止住，比如你可以对客户说："××先生，您应该知道向来我们的产品都比A公司的产品价位低一些吧？"

当然，若销售员想让客户肯定某些销售情况时，必须要对该情况有十足的把握，不能让客户抓住把柄。

2."晾"出产品不足，让客户感受到你的诚实

一家医院和一个药厂合作了很多年，可是突然决定不再使用那个药厂的产品了。原来，药厂的一位销售员到医院去向医生介绍一种治疗风湿病的药时，对那位医生说："张医师，只要有了这种药，保证你们医院所有的风湿病人都可以被治好。"

医生听后很生气，说："你还真敢吹牛。把我当傻帽啊，风湿病是无法根治的，以后我们医院再也不用你们厂的药了，你走吧。"销售员只好悻悻地走了。

在案例中，销售员所犯的错误就是没有如实、客观地介绍产品反而夸大说明产品的功效，而他忘记的是，和自己合作的是医院，医院对所有药品的性能和功效都有一定的了解，况且他犯的还是常识性错误，自然会引起客户的反感，生意失败也在情理之中。相反，如果这位销售员能够实实在在地说明他们药物的作用，如"张医师，我们通过大规模的实验证明，这种药物对绝大部分的风湿患者能有效减轻症状，这里有一份报告，您可以看一下。"或许，那位医生还可以考虑一下。而他所夸大的事实正好是医生的专业所在，这就怪不得医生会生气了。

而现实销售中，我们可能经常对一些销售前辈们的做法感到不解：为什么他们会主动向客户透露一些产品的缺点？这样做不等于赶走生意吗？其实，并不是如此，这些销售前辈们的做法是正确的。因为，任何一个客户都明白，没有产品是完美无缺的，如果我们一味地只提产品的优势，而掩盖产品的不足，反而会引起客户的更多疑虑甚至反感。"不打自招"则会打消客户的疑虑。

所以，每一个销售员都应该明白：诚信是维护友好客户关系的根本，只有以诚实的态度和恳切的心情去与客户打交道，才能拥有更多客户，销售工作才能更好地进行下去。

3.巧妙地告诉客户真相

我们给客户吃定心丸，告诉客户某些产品的缺陷和不足，也是讲究技巧的。告诉客户产品的真实情况，也并不是说，销售员要将所售产品的问题简单地罗列在客户面前。如果销售员冒冒失失地将产品的某些缺陷告诉客户，客户可能会因为接受不了这些缺陷而放弃购买。如果销售员掌握一定的技巧，不仅可以赢得客户的信赖，而且还可以更有效地说服客户，使客户产生更加积极地反应。比如，你可以转移话题，告诉产品的其他方面的优点，许多时候，当你运用恰当的技巧诚恳地解释清楚个中原委时，明理的客户不但不会产生情绪，反倒会被销售员的诚实可信所打动。

塔木德启示

推销过程中，我们必须明白，真正的销售技巧，就是要让客户长期的信任你，为此销售员有时候就不妨主动给客户吃颗定心丸，主动提出客户可能提出的问题，才会获得客户的信任，防止客户顾虑过多。

三、推销不能以貌取人

我们都知道，客户是否具有购买能力是判断其是否能成为我们的准客户的一个重要方面。客户有购买需求、有购买权，但是没有购买能力，我们依然无法成功的推销出产品，对于分期付款的客户，也可能会造成销售后的呆账或死账。因此，在推销前，我们就应谨慎行事，在大型的购买活动中，要提前了解客户的经济水平和购买力，在确认你的潜在客户有这方面的预算后，还要对其一贯的信誉进行一番考察。但是，我们一定要记住一点，对于客户的购买能力不能妄下断言，更不能以貌取人，伤害客户自尊，最后导致生意流失。

在这一点上，犹太商人提出，在推销中，不要轻易对人下结论，优秀的推销员应该懂得，顾客没有高低贵贱之分，不要以貌取人，这点在推销领域中很重要。

很多犹太商人在发家之前，都从事过推销工作，他们认为，推销能否成功，关键因素在推销员自身，每个客户都希望自己被重视、被关怀，所以如果推销员能让客户感受到这些的话，客户是愿意接受你、感激你并购买你的产品的。所以，每一位精明的犹太人都明白，无论上门的是怎样的客户，都应一视同仁，而不是以貌取人，这样才能帮助他们广结善缘。

然而，真正懂得这一道理的人似乎并不多，他们常因为以貌取人而流失生意。我们再来看下面的故事：

有一天，哈佛大学的校长在办公室工作，有一对老夫妇跟秘书打招呼，称自己有事找校长。校长秘书打量了这一对老夫妇，女士穿着一套已经褪色了的棉布衣服，而男士则穿着做工很差的一套西装。秘书根据自己多年的阅人经验断定：这绝对是一对乡下人，怎么会和校长有关系呢？

先生轻声地说：“我们想见一见校长。”

秘书很不礼貌地说：“他整天都很忙。”

女士回答说：“没关系，我们可以等。”

几个小时过去了，他们还站在门口，秘书终于不耐烦了，就跟校长打了个招呼，问要不要请他们进来。并且，秘书向校长保证，这对夫妇应该不会讲很长时间，于是校长也就不情愿地答应了。

当然，接下来校长表现得很没有耐心。

女士告诉他：“我们的儿子是世界上最聪明的年轻人，他曾经有幸在哈佛读过一年，他很喜欢这里，在这里他过得很快乐，但不幸的是，就在去年，他因为意外而死亡，所以我丈夫和我想要在校园里为他建一个纪念物。”

老妇人说这些话的时候，眼里噙着泪水，但并没有感动这位高高在上的校长，相反他粗声地说：“夫人，我们不能为每一位曾读过哈佛而死亡的人建立雕像。如果这样做，我们的校园看起来会像墓园一样。”

女士很快地说：“不是，我们不是要树立一座雕像，我们想要捐一栋大楼给哈佛。”

校长再次看了看这对穿着朴素的夫妇，他们怎么可能捐一座大楼给哈佛，真是可笑！然后，他吐一口气说：“你们知不知道建一栋大楼要花多少钱？我们学校的建筑物超过750万美元。”

听完校长的话，女士不说话了，而校长很高兴，因为他终于把这一对无聊的夫妇打发了。

随后，女士转身对身旁的丈夫说：“只要750万美元就可以建一座大楼？那我们为什么不建一座大学来纪念我们的儿子呢？”她的丈夫点头同意。而哈佛的校长则觉得很茫然。

就这样，史丹佛夫妇离开了哈佛，到了加州，成立了史丹佛大学来纪念他们的儿子。

故事中，这位高高在上的校长以貌取人，认为打扮平常的史丹佛夫妇的话只不过是在开玩笑，结果让一次捐献大楼的机会白白流失。

诚然，在一般情况下，人们的收入状况和经济水平，在一定程度上是可以从其穿戴打扮上看出来的。穿戴服饰质地优良、样式别致的客户，应该有较高的购买能力。而服饰面料普通、样式过时的客户多是购买力水平较低、正处于温饱水平的人。

为此，推销员通常通过观察客户的服饰打扮，大体上可以知道客户的职业、身份及购买力水平。然而，这种情况并不是万无一失的，要知道并不是每个人都注重穿着打扮，所以一些穿着并不是十分耀眼的客人却常常能实现成交。

一天上午，某汽车“4S”店来了一位打扮不入时的先生。店内的推销人员对这位先生上下打量了一番后，都没有主动上前为其服务。而销售员陈莹则不同，她走过去主动和客户打了招呼：“先生您好，我是这家‘4S’店的销售员陈莹，很高兴为您服务。”为了不打扰顾客看车，在做完自我介绍后她就在一旁观看，并未出声。

就这样，这位先生一个人在店内转悠，一会儿说这辆车车价太高，一会儿又说那辆款式不漂亮。然而，看到一旁的陈莹，他说：“我今天只是随便看看，没有带现金。”

“先生，没有问题的。我和您一样，有很多次也忘了带。谁也不会身上随时带着很多现金，您尽量看，有什么问题可以随时问我。”

“好的，谢谢你。”然后，稍微停顿一会儿，陈莹观察到客户有种脱离困境、如释重负的感觉。陈莹想：他是真的没带钱，还是没有购买能力呢？于是，陈莹决定大胆地试探一下顾客。

“先生，您有中意的车吗？”

“那辆奥迪不错。”

“是的，您的眼光不错，这辆车最近卖的很好。”

“是吗？可是，能分期付款吗？”这下子，陈莹明白了，原来顾客是担心价格和付款的方式问题。于是，陈莹说：“当然可以，你现在就可以与我们签约。事实上，您不需要带一分钱，因为您的承诺比世界上所有的钱更有保障。”

接着，陈莹又说：“就在这儿签名，行吗？”等他签完后，陈莹再次强调说：“您给我的第一印象很好，我知道，您不会让我失望的。”

结果确实没令她失望，第二天，这位顾客就带了首付提走了那辆车。

这则销售案例中，销售员陈莹之所以能够轻松推销出去这辆车，是因为她和其他销售员不同，面对打扮不入时的客户，她还是愿意一试。并且，最可贵的是，她敢于主动试探顾客，从而让客户自己道出了购买的顾虑——希望分期付款。

的确，客户的购买能力是决定客户是否能完成购买的关键因素之一，如果客户没有经济实力，即使他们的需求再强烈，也不会购买。对于这类顾客，如果我们“纠缠不休”，不仅浪费时间，还会招致顾客的厌恶。但有些销售员在遇到一些类似于徘徊于汽车店内的顾客时，总是会以貌取人，并妄下断言：光看不买，一定是买不起。这也是不正确的。因为，也有一些客户更相信自己的眼光，需要多项选择。

因此，即使遇到了一些穿着不入时的顾客，我们也应和案例中的这位汽车销售员一样，主动出击，巧妙地探问。

塔木德启示

顾客就是上帝，而上帝是没有高低贵贱之分的，所以销售人员要对每一个客户都同样热情，而不能以貌取人，也不能戴着有色眼镜看人，否则会让客户产生反感，让生意流失。

四、嫌货才是买货人

销售员在与客户谈判的过程中产生异议，这是很常见的一种现象，犹太商人福洛姆曾经说过：“在推销的任何阶段，或对于商品的任何方面，顾客都可能提出异议。经验告诉我们，顾客没有提出任何一点异议就达成交易的情况是极少的。我们应该明白，嫌货才是买货人。”可见，对产品或者价格有异议的客户才是你的准客户。但在销售前，我们要事先揣测客户可能产生的异议，以及产生这种异议的原因。这样，在整个谈判过程中，我们就能有意识地去消除这些异议。

马先生是一家水果店的老板，生意每天红红火火，这主要是因为马先生会经营。比如，早上打开店门，马先生就会先把那些外观漂亮的水果捡出来，单独放在一边，价格定得高一些，而那些在外表上稍微差一点的同类水果则定价较低。

一天，他遇到这样一位难缠的顾客。“你的水果也不怎么样啊，1斤也是1块钱吗?”这个顾客拿着一个水果仔细地端详起来，还敲了敲，看看水果到底怎么样。

“呵呵，您放心，我的水果不能说是最好的，但也是这一片比较好的。您不信，可以和别家的比较。”马先生满脸堆笑，不紧不慢地说。顾客说：“太贵了，8毛卖不卖?”

马先生还是笑眯眯的：“先生，我要是1斤卖你8毛钱的话，那之前买的那些人岂不是买亏了，而且我这已经是最低价了，周边几个水果店卖的都贵些，您也可以去问问。”

不管顾客是什么态度，马先生一直保持着微笑。虽然，这个顾客认为水果太贵，但最后还是被马先生的态度折服了，以1斤1元的价格买了好几斤。

“嫌货才是买货人啊。”马先生感慨地说。

案例中，马先生的话很有道理，“嫌货才是买货人啊。”，但无论如何，我们都要保持良好的态度。因为，真诚地对待客户，从客户的角度出发，才能更好地弄清楚客户异议的问题所在，然后再合理地去帮助客户解决问题，就会获得客户的认同，促成交易。

客户产生异议，往往有很多原因，针对客户的这些原因，很多销售人员往往会束手无策，最终只能知难而退，放弃推销。其实，是否能用正确的方式回应客户的异议，正体现了一个销售人员的水平。常见的异议有以下两种，我们可以根据不同的情景，用不同的方式回应我们的客户：

1.客户总是说你的产品不如竞争对手

这正是案例中的情况，的确面对这种情况，尤其是刚从事销售行业的新手，会显得很棘手，有些销售员甚至知难而退，放弃说服工作，其实大可不必这样，应该向客户核实事实，然后采取相应的对策解决这一误会，你可以这样回答：

“是吗？很好，能从朋友那里购买，肯定是信得过的产品，你们一定关系很不错吧！”（稍微停顿一下）

对于这样的回答，可能有些善于言论的客户会从容应付过去，但一般客户会这样说：“哦！大概是这样子的吧！好多年了！”或说：“叫我怎么说呢？”或说：“你管太多了！我的朋友与你有什么关系啊！”

这样，我们就能看出对方只不过是在说拒绝的托词。此刻，你可以说：“这个请您做参考好吗？”一边拿出产品说明书、图样来给他看，或一边操作示范机器；同时，劝导客户买下来，但客户如果一点儿也没有改变心意时，推销员必须想办法游说，或作个长期计划，先慢慢成为客户的朋友，再逐步进行推销事宜。

2.客户对目前的供应商很满意

当客户说“目前我们的供应商就已经很好了”时，可能有些销售员会认为这种销售瓶颈根本无法突破，事实上并不是这样，因为虽然客户对目前的供货商已经很满意，但这并不代表供应商的产品和服务是最好的。此时，如果你能让客户继续说下去的话，其实也很容易找到机会，找到突破口。你可以给客户先派送样品或尝试性的订单，向客户展示能证明你的产品价值的东西。

（1）具体问题具体分析。任何问题的出现都是有理由的，客户拒绝销售员也是一样。而客户满意现在的供应商，说明一个问题：此供应商的产品质量和服务态度都让客户满意，这就是为什么客户与供应商合作这么长时间的原因，而这也是客户为什么拒绝销售员的原因。找出这一原因后，销售员就能逐步解决这一难题了。

（2）让客户了解产品的优势。销售员可以为客户算一笔经济账："张经理，您可能也知道，我们这个版面在全国的发行量都是相当大的，因此贵些，可是如果您在其他小报上做几个广告，这些小报合起来的发行量还不如我们一家报社，但费用却高多了，您说哪个划算呢？"

（3）强调产品能给对方带来的利益。客户购买产品，前提都是希望产品能给自己带来利益，因此只要销售员懂得在这方面多下功夫，客户一般都会心动。

五、把话说到客户心坎里

我们都知道，人都是有感情的动物。对于推销员而言，如果我们能对客户关怀备至，句句话都能说到客户的心坎里，那么我们便能轻易地感动他们，进而建立深厚的情谊，一旦彼此之间有了感情，我们还怕客户不购买我们的产品吗？当然不，犹太商人认为，在经商的过程中，如果能够充分了解别人的立场，就能够在生意场上获得成功。一位犹太商人说："我们必须先抛开销售的问题，先从对方的立场考虑问题，把话说到对方心里去，才能建立心理上的认同感，让顾客充分信任你，同时也能够让他敞开心扉接受你的讯息。"

犹太人乔·吉拉德被誉为世界上最伟大的推销大师，他认为，卖汽车，人品重于商品。一个成功的汽车销售商，肯定有一颗尊重普通人的爱心。吉拉德的爱心体现在他的每一个细小行为中，正是这些许许多多细小的行为，为他创造了空前的效益，使他取得了辉煌的成就。在乔·吉拉德的推销生涯中，有这样一些推销经历：

有一次，一位中年妇女看中了她表姐的那款白色福特车，于是自己也想买一辆。但福特车行的推销员因为有事没时间接待她，让她一小时后再去。所以，她就走进了乔·吉拉德汽车销售店，顺便打发一下时间。

刚一进店，她就受到了热情的接待，迎面就是乔·吉拉德热情的问候：“欢迎您夫人。”

妇女兴奋地告诉他：“今天是我55岁的生日，想买一辆白色的福特车作为生日礼物送给自己。但对面福特车行的人有事，叫我一个小时后再过去，所以我就先到你们这里来看看了。”

“夫人，祝您生日快乐！”乔·吉拉德热情地祝贺道。随后，他轻声地向身边的助手交代了几句。

乔·吉拉德跟夫人边交谈边陪她在车行里观赏。当来到一辆白色雪佛兰车前时，他说：“夫人，您对白色情有独钟，瞧这辆双门式轿车，也是白色的。”

就在这时，助手走了进来，把一束玫瑰花交给了乔·吉拉德。乔·吉拉德把这束漂亮的花送给了那位夫人，再次对她的生日表示祝贺。夫人感动得热泪盈眶，非常激动地说：“先生，太感谢您了！已经很久没有人给我送过礼物了。刚才，那位福特车的推销员看到我开着一辆旧车，一定以为我买不起新车，所以在我提出要看车时，他就推辞说需要出去收一笔钱，我只好上您这儿来等他。现在想一想，也不是非要买福特车不可。”

最后，她在乔·吉拉德这儿买走了一辆雪佛兰轿车，并签了张全额支票。

面对一个送上门的客户，作为汽车销售商的乔·吉拉德从头到尾都没有劝她放弃福特而买雪佛兰，也并没有对自己的商品夸夸其谈。他只是凭着对客户的尊重和爱心打动了她，使她放弃了原来的打算，转而选择了吉拉德的汽车。

可见，销售员可以以朋友的心态来面对每一个客户，多站在客户角度想想问题，考虑客户的利益以及客户的想法。可能客户一次两次不能接受自己，但只要我们是真诚的，第三次就能打动他了，真心付出总会有收获的。

可见，善辩不一定就是优秀的销售员，销售员与客户结缘，也决用不上什么高深理论，最有用的可能就是那些最微不足道、最无聊甚至十分可笑的废话，但这些话只要能说到客户的心坎上，就能打动客户，就能产生积极的效果，只有当客户了解到你是多么关心他们时，他们才会在乎你。

为此，你可以这样推销：

1.从情感上关心客户

日本著名的保险销售能人山田正皓接受一家杂志的访问时曾说："与客户接触时，一走进门，要让客户感觉舒服，而不要让其感觉到压力，他们就会和你建立长期的业务关系，他们会逐渐喜欢上你、信任你。这个原则年复一年跟随着我，成为我开展销售业务的基石。你先别管任何其他的技巧，也不要去尝试说服他们。你只要想办法让客户觉得和你在一起很舒服，喜欢并且信任你，让他们觉得你是来为他们提供服务的，而不是来卖东西的就行了。"

山田正皓在销售过程中总是竭尽全力地鼓励和关心客户，使客户感到温暖，把他当成知心的朋友，这对他的销售工作起到了积极的作用。20几年来，他因业务关系结识的朋友超过数千人，而且大部分都保持着联系，这也为他的销售工作产生了不可估量的推动作用。

2.体会客户的心情故事

一般来说，当客户心中不悦时，对于我们的推销会采取拒绝的态度。当听到客户的拒绝，你应要求自己先想到的不是责怪客户的不通人情，而是要帮客户编一则心情故事。或许他周末没休息好，所以和我说改天再说；或许他刚被老板骂，心情不太好；又或者……

总之，不要先想客户的不对，而是先站在客户的立场，帮他编一个理解他的心情故事，好好体会，品尝人间百态，这不也是一种销售的收获吗？

这就叫作同理心，通常你以这样的心态和客户交流，客户会觉得你是个值得托付的人，会把你当朋友看待。当客户对你倾诉的私人故事越多时，那离你销售的成功也就不远了。

3.真正关心你的客户

（1）千万不要撒谎，谎言是致命的。

（2）珍惜客户的时间。

（3）销售中，如果你对自己的产品介绍有误，就要大胆承认，否定只会让客户对你产生质疑，影响信任度。

（4）多为客户考虑，不仅要满足客户表面要求，而且要为客户提供深层次的想法和意见。

（5）永远不要否定你的客户。

（6）理解你的客户，他是繁忙的，他的工作压力来自各个方面，还有很多工作和生活中的烦恼。

（7）让你的客户感受到来自你的尊重，让他在同事或者上司面前有面子。

（8）学习你客户的业务，要不断地学习客户的业务。

（9）如果你对客户的业务不熟悉，就不要不懂装懂，对于不懂的问题，不妨直接问他，他是喜欢与别人谈论他的业务的。

（10）保持热忱的态度，情绪不要激动，你要稳重并有做生意的样子、冷静地工作。

当然，在与客户沟通的过程中，要让客户感觉到你的关心是真诚的，客户是不愿意和一个虚伪狡诈的人沟通的。因此，销售人员说话一定要恰如其分，符合自己的身份，不然就会引起客户的反感。

塔木德启示

在推销的过程中，如果你能够站在对方的立场上为他着想，那么对方就可能会被你的这种精神所感动，也会反过来考虑一下你的立场。这样，在不知不觉中，你们在感情上便达到了共鸣，对方自然也就乐意接受你的意见。

第5章

随时捕捉机会，别让任何一个商业机遇从身边溜走

我们都知道世代为商的犹太人以才思敏捷闻名，善于判断并富有冒险精神。他们常常以生意为立足点，无论到哪里，都能找到发展生意的契机，一旦发现了突破口，哪怕只有1%的希望也绝不放弃。犹太商人常常嘲笑那些不善于把握机遇的外国人，并断言这样的人终究难成为巨商。同样，生活中的人们，如果你也渴望成功、获得财富，渴望出人头地，渴望闯出自己的一片天地，那么你也应该抓住机遇，没有机遇时要懂得制造致富的机遇，并精心策划每一步，进而最终实现你的财富梦！

一、别犹豫，有机会时果断出击

在现代社会中，机遇对于商人的重要性已经毋庸置疑，要知道商场上的商机往往意味着你要尽可能地做独家生意，这样你才能独占鳌头、赚到财富。犹太商人们时常这样告诫自己：“抓住好东西，无论它多么微不足道；伸手把它抓住，不要让它溜掉。”

《塔木德》中也有讲机遇的，是这样说的：“机遇是一个美丽而性情古怪的天使。她倏尔降临在你的身边，如果你不太注意的话，她又将翩然而去。

犹太人相信，任何机会都不会自动降临，它总是属于有头脑、有行动、有准备的人。机遇，是瞬间的命运。也正是因为犹太人深刻地认识到这一点，他们才成为最富有的人。当别的民族还在为脑海中的一个想法是否应该实施而纠结的时候，犹太人已经着手做了，他们总是能先人一步，所以他们总是能获得财富的垂青。

机遇来临时我们常常需要做抉择——施行或者不施行，我们总是试图通过我们最精确的思维，获得我们最想要的结果。但实际上，很多时候正是因为我们过多的思考，而导致了我们瞻前顾后，不敢行动，成功的机会也就在“做”与“不做”之间流失了，留下的也只有遗憾。正如一位作家所说：“世界上最可怜又最可恨的人，莫过于那些总是瞻前顾后，不知道取舍的人，莫过于那些不敢承担风险，彷徨犹豫的人，莫过于那些无法忍受压力，优柔寡断的人，莫过于那些容易受他人影响，没有自己主见的人，莫过于那些拈轻怕重，不思进取的人，莫过于那些从未感受到自身伟大的力量的人，他们总是背信弃义，左右摇摆，自己毁坏了自己的名声，最终一事无成。”

的确，在现实生活中，不乏这样的人，他们渴望获得财富，渴望获得一番成就，但他们想的多，行动的少。表扬的多，真干的少。因为，他们在准备实践的时候，总是考虑这个考虑那个，这样只会错失时机，后悔莫及。最大的成功并不是那些嘴上说得天花乱坠的人，也不是那些把一切都设想得极其美妙的人，而是那些脚踏实地去干的人。其中，成功因素不多、自信不足、心态消极、目标不明确、计划不具体、策略方法不够多、知识不足、过于追求十全十美等，这些都是人们瞻前顾后、不敢行动的原因。

一个穷小子和一个富家小姐相识并相爱了，但是他总觉得两人的身份不太匹配，所以不敢过于表现自己的热情。有一天，这个年轻人很想到他的恋人家里去，找他的恋人出来，一块儿消磨一个下午。但是，他又犹豫不决，不知道他究竟应不应该去，恐怕去了之后，会显得太冒昧，或者他的恋人太忙，拒绝他的邀请。于是，他左右为难了老半天。最后，他勉强下了个决心，坐上一辆三轮车去了。

车子终于停在他恋人的门前了，他虽然后悔来，但既然来了，只得伸手去按门铃。现在，他只希望来开门的人告诉他说："小姐不在家。"他按了第一下门铃，等了3分钟，没有人答应，他勉强自己再按第二下，又等了2分钟，仍然没有人答应。他如释重负地想："全家都出去了吧。"

于是，他带着一半轻松和一半失望回去了。心里想：这样也好，但事实上，他很难过，因为他又失去了一个与恋人相聚的机会。

你能猜到他的恋人当时在哪里吗？他的恋人就在家里，她从早晨就盼望这位先生会突然来找她，带她出去消磨一个下午。她不知道他曾经来过，因为她家门上的电铃坏了。

故事中，这个年轻人如果不那么瞻前顾后，如果他像别人有事来访一样，按电铃没人应声，就用手拍门试试看的话，他们就会有一个快乐的下午了，但是他并没有下定决心，所以他只好徒劳往返，让他的爱人也暗中失望。

我们不得不承认，一些人虽然能力出众，但却在个性上有一些不足，其中就包括瞻前顾后。他们之所以瞻前顾后，是因为他们希望做到面面俱到，如果一个人试图面面俱到，那么是抓不住事物的本质的。瞻前顾后的习惯会使人丧失许多机遇。很多时候，如果我们能横下心去做一件事情，结果就会大不相同。

有一位先生，他是某公司经理，他有一个特点，就是不允许别人扰乱他的意志，往往在别人还在他旁边唠唠叨叨地叙述事情如何困难的时候，他已经把他的办法拿出来了，干净利落，决不拖泥带水。

他这种明快果决的本领，使人十分折服，而我们一般人，却常常做不到这样，当我们被问题所困扰时，总是太容易被周围人们的闲言碎语所动摇，太容易瞻前顾后，患得患失，以至于给外来的力量可以左右我们的机会，谁都可以在摇晃不定的天平上放下一颗砝码，随时都有人可以使我们变卦，结果弄得别人都是对的，自己却没有主意，这就是我们成功途中的一个最大障碍。

不得不承认，任何一个富人的成功，都有他们自己的秘诀，但最重要的秘诀之一就是，他们从不放过一丝的机会，当机遇来临时，他们会想尽办法去抓住。

林建岳是香港一位赫赫有名的年轻企业家。在他宽敞的办公室里，奖杯、奖状陈列得金碧辉煌，充分显示出主人不凡的经历和奖杯在办公室主人心目中的位置。的确是这样，做了3年香港足球队领队的林建岳，该捧的奖杯全都捧到了手，甚至人们想不到的他也做到了。

昔日纵横捭阖的“球经”令他在商场上长袖善舞。他经营的丽新集团曾经以“迅雷不及掩耳”的不还价策略，高价买入旧纽约戏院的地盘而名声大震。后来，他又相继购入了纽约戏院对面钻石酒家旧址等多处地盘。3年后，该黄金地段的地价早已翻了很多倍，为林建岳带来了滚滚财源，并使他有实力连出重拳，令市场关注。不久前，林氏集团又投资亚洲电视，成为1/3的股东……林氏集团在社会上的知名度大增。在回顾自己的迅速发迹时，林建岳说：“纽约戏院的地皮不会有第二块，电视台也不会时时都有得买，必须把握这只有一次的机会。”

既然是决策，就是决定性的、不可轻易更改的，就算可能会出现失误，也总比凡事拿不定主意、瞻前顾后来的更好。

在现实中，机遇和危险通常是并存的，但我们不可因为危险的存在而战战兢兢，只有非凡的勇气才能铸就非凡的成就，只有破釜沉舟之心，才能全身心投入，才能激发自己的潜力，也才能抢占市场先机、获得财富！

塔木德启示

犹豫是获得成功的大忌。那些总是瞻前顾后的人，总是平白失去很多机会。要想致富，就要有抛却一切顾虑的勇气，心动不如马上行动，别等到机遇离去时才感到惋惜。

二、不冒险，怎能获得财富

在今天开放的全球化世界中，随机性和偶然性越来越大，往往变幻莫测，难以捉摸。在如此不确定的环境里，勇气就成了最宝贵的资源。人这一生最可悲的不是没有能力，而是没有勇气。当机遇一次次擦肩而过时，如果没有勇气去抓住，那么其他方面再怎么强也没有用。相反，如果有了足够的勇气，哪怕自己的条件比不上别人，那么成功的机会也比别人更多。

在生活中，无论你失去什么，都不能失去勇气，勇气是你走进目的地的钥匙，但这并不是说你可以盲目冒险，培根曾说："我们要时时注意，勇气常常是盲目的，因为它没有看见隐伏在暗中的危险与困难，因此勇气不利于思考，但却有利于实干。所以，对于有勇无谋的人，只能让他们做帮手，而决不能当领袖。"

犹太人被世人公认是非常精明并且敢于冒险的一族，正是兼备了这两种品质，他们才能解决遇到的危机。

约瑟夫是个典型的犹太商人。他曾经投资一家小型保险公司，但谁知道这家公司居然遇到了火灾，许多投资人心慌意乱，都纷纷把自己的股份卖了。但约瑟夫却剑走偏锋，买下了所有的股份，别人都以为他疯了。

这的确是一场大的赌博，但事实证明，他是有眼光的。就在完成理赔后，这家公司的信誉出奇的好，很多新的客户很放心地在他这投保，约瑟夫由此也发了大财。

的确，在不少犹太人看来，每一次风险都隐藏着许多成功的机会，风险越大，生意也越大，只有敢于冒险的人，才会赢得财富。

在外人看来，约瑟夫的做法是冒险的，但约瑟夫并不是有勇无谋，他就是掌握了人们对保险这一行业的心理，只有自信，才能让他人相信自己，约瑟夫的这一举动，正是向人们证明了这一点，所以他所投资的公司的信誉自然也就增加了。

法国作家拉伯雷曾说："不敢冒险的人既无骡子又无马，过分冒险的人既丢骡子又丢马。"这句话的含义是，我们每个人都应该有冒险精神，但绝不能盲目冒险。每个人都应该学会解放自己，解放思想，做到敢为人先，才能抓住第一个机会。这正如石油大王洛克菲勒所说的："想获胜必须了解冒险的价值，而且必须有自己创造运气的远见。风险越高，收益越大。"

的确，成功需要冒险，维持现状只能甘于平庸。洛克菲勒在给小约翰的信中提到这样一件事：

1936年11月2日，在美国赌场出现了一位传奇的人物，他是一个赌徒，他在赌场赢了一大笔钱，即将成为一位富人。他的名字是大卫·莫里斯，与美国独立战争时期的财政总监、费城商业王子罗伯特·莫里斯先生同姓，他刚刚在赌场上交了好运，赢了一大堆钱，他在报纸上登出了自己的人生格言：好奇才能发现机会，冒险才能利用机会。

洛克菲勒说，自己一向对赌徒不以为然，但对于这位莫里斯先生，他不得不佩服，甚至他曾对自己的朋友提及，这位莫里斯先生一旦投身商界，他一定会成为一个优秀的商人。

"没有维持现状这回事，不进则退，事情就是这么简单。我相信，谨慎并非完美的成功之道。不管我们做什么，乃至我们的人生，我们都必须在冒险与谨慎之间作出选择。而有些时候，靠冒险获胜的机会要比谨慎大得多。"

其实，洛克菲勒是推崇冒险的，他曾经从农产品行业转到炼油业，就是一次冒险行动，他和自己的合伙人克拉克分道扬镳，更是一次冒险，所以他也为此付出了高昂的代价。

洛克菲勒认为，我们不能秉持安全第一的原则，安全不能带来财富，要想获得报酬，我们就要学会冒险，学会承担风险。当然，他还曾说："如果你想知道既冒险而又不招致失败的技巧，你只需要记住一句话：大胆筹划，小心实施。"

在第一次世界大战期间，法国有位很著名的上校叫泰勒，当时他任第六师师长，他的处事方式很令人钦佩。

有一次，当他的儿子向他告别时，他告诫儿子说："孩子，记住：你的姓是泰勒，泰勒这个姓代表着做事能力。你永远不可以靠边站，让出路给其他敢于冒险的人走。你要冒险向前使他们让出路来给你走。"

接着，他继续说道："大街上行人拥挤，交通阻塞。但呼啸的消防车飞驰而过时，大家都会自动地让出路来。当然，你偶尔也会感到沮丧、软弱，但这正是你需要鼓起战斗勇气的时刻。只要你大步向前，沮丧、软弱都会躲开你。"

勇敢地尝试新事物，可以发现新的机会，使你迈进从未进入的领域。生命原本是充满机遇的，千万别因放弃尝试而错过机遇。

因此，21世纪的人们，你也应该跨越传统思维的障碍，时时刻刻寻求新的变化，并敢于释放自己、改变自己。当然，要做到敢为人先，你还必须从当下的生活和工作中加以练习。为此，你需要做到：

1.丰富自己的知识结构以开阔视野

在我们的日常生活和工作中，常用视野比喻人的眼界开阔程度、眼光敏锐程度、观察与思考的深刻程度等。也可以说，视野是否开阔，是衡量人的综合素质的重要标尺。而视野开阔与否，取决于对知识掌握多少以及思想理论水平的高低。常言道"学然后知不足"。勤于学习的人，越学越能发现自己的不足，于是想方设法充实自己、提高自己，学到更多的东西，视野也会随之越来越开阔，跟上前进的步伐。

2.打破现有的安逸假象

一个不愿改变自己的人，往往舍不得放弃目前的安逸现状。而当你发觉不改变是不行的时候，你已经失去了很多宝贵的机会。

因此，即使你现在每天衣来伸手饭来张口，但你必须要明白，在未来社会中，你必须要一个人生存、参与社会竞争，你必须要有随时改变自己、更新自己的观念。

3.在心理上超越“不可能”的思想观念

任何人想要解决问题，都必须在他的思想中超越问题。这样，问题就不会显得如此令人畏惧。而且，他也会产生更大的信心，深信自己有能力去解决它。

在你进行尝试时，你难免会产生一种“不可能”的念头，比如：当你认为自己不能解决某道被别人认为很有难度的数学题时，你必须要从心理上超越他，只有这样，你才能站在高高的位置上，低头俯视你的问题。

塔木德启示

任何成功都源于改变自己，你只有不断地剥落自己身上守旧的缺点，才能做到敢为人先，才能抓住机会，才能使自己进步、完善、成长和成熟。

三、把握瞬间机遇，成就财富人生

中国人常说，“做人要谦逊退让”，但在竞争激烈的市场经济下，这种好性格似乎也有不利的一面，因为不主动常常会使得他们丧失机遇，一次次地与成功失之交臂。因为在很多情况下，机遇的出现都是转瞬即逝的。犹太商人认为，只有把握瞬间的机遇，才有可能实现你的财富梦。

《塔木德》上有两句经典的话：“愚者错过机会，智者把握机会，弱者等待机会，强者创造机会。”在犹太人看来，不能放弃任何一个哪怕只有万分之一可能的机会。犹太人这种充满进取心的性格，即使在日常生活中也表现得极为突出。

的确，那些被人们认为是幸运儿的人并非天生运气好，他们只是比一般人更有成功的愿望，更积极主动而已。在人生的旅途中，任何机会都可能给你带来意想不到的成功，因此不要放弃任何一个哪怕只有万分之一可能的机会。

美国但维尔地方百货业巨子约翰·甘布士认为，机遇无处不在，有时也许只存在万分之一的可能，但是它毕竟存在着。只要有锲而不舍的毅力去争取，就一定能有所收获。

有一次，甘布士要乘火车到纽约去商谈一笔生意，由于事起匆忙，没有预先订票。因此，甘布士夫人就打电话到车站询问，是否还可以买到当日的车票。

由于当时正值圣诞前夕，去纽约度假的人很多，车票早早地就被抢购一空。所以，车站的答复是没有车票了。但是，车站最后强调了一点，说如果有急事一定要走的话，可以到车站来碰碰运气，看看是否有人临时退票，不过这个可能性很小，因为在过节时，一般很少有人临时退票。

甘布士夫人沮丧地放下电话，向甘布士转述了车站的答复，她认为今天肯定不能走了，只有等下一次的火车。

谁知甘布士依然不慌不忙地收拾好行李，然后提着皮箱向门口走去。甘布士夫人连忙拦住他问：“约翰，现在不是买不到票吗？你还去车站干什么？”

甘布士回答道：“不是还有退票的可能吗？”

“可是这种可能性很小，只有万分之一啊。”

“我就是想去抓住这万分之一的机会，祝我好运吧。”说完，甘布士戴上帽子，顶着风雪朝车站走去。

甘布士到了车站，站在月台上，等了很久，仍是没有一个退票的人，但是他并没有着急，而是耐心地等着，同时还利用这个时间仔细考虑即将谈判的那笔生意的各个细节。

大约离开车还有5分钟的时候，一个女人忽匆匆地跑来，因为她家里有突发事件，所以她不得不将票退掉，而改坐第二班的车。

于是，甘布士掏钱买下了那张车票，及时地赶到了纽约。在纽约的酒店中，他打电话给他的妻子："亲爱的，现在我已经躺在纽约酒店里舒适的床上了。我抓住了你所认为的只有万分之一的机会。"

托·富勒曾说，"一个明智的人总是抓住机遇，把它变成美好的未来。"可能你也会发现，很多企业界的成功人士，他们身上都有一个共同的特征：他们的成功都来自于一个特殊的机缘，但这机缘的出现，似乎又是注定的，因为他们总是用行动说话！

机遇无处不有，无处不在，关键是看你能否把握住它。偶然的机会只对那些勤奋工作的人才有意义。成功的秘密在于，当机遇来临的时候，你已经做好了把握住它的准备。时刻准备着，当机会来临时你就成功了。我们可以肯定地说，所谓"错过机会"，只不过是我们为自己找的借口而已。现在，你不妨问问自己：对于机遇，我是否具有强烈的愿望并且付出了应有的努力呢？

电影《笨的和更笨的》中有一个情节，劳埃德和他的朋友哈里，都在竭尽全力地寻找真正的爱情。有一天他们待在一条荒凉的道路边上，沮丧且束手无策。这时，一个身着比基尼的女孩驾驶的汽车停在他们身边。三个美得令人窒息的女孩走下来，面带羞涩地问他们："嗨，你们知道哪里可以找到两个小伙子，和我们一起涂满防晒油旅行几个月，以证实我们的防晒油的效果吗？"

哈里迅速地回答："当然知道！在沿着道路走3英里的小镇上就可以找到。"那些女孩见这俩傻瓜没领会她们的暗示，感到很是失望，转身把车开走了。劳埃德看着消失在灰尘中的车，转向他的伙伴说："你知道，哈里，一些家伙总是有好运气。我真心希望并且祈祷有一天相同的好运也会降临到我们头上。"

不得不承认的是，在机遇面前，人们不同的态度产生了不同的结果，那些迟疑、犹豫的人最终只能与之擦肩而过；而勇敢的、主动的人却能积极努力，最终赢得了机遇的倾心，你可以说这是偶然，但你又怎能说这不是必然呢？千万别轻视那小小的一步，因为它可能会改变你的一生。

那年，他受聘于一家地产公司。培训结业的那天，公司老总也来了。

进行了一番热情洋溢的讲话后，老总转身从公文包里拿出一叠文件问："有谁愿意帮我整理一下这些资料？"

其实，他是很想试一试的，但看看四周大家都是沉默的，他不禁又有些犹豫，最终没敢站出来。

老总停了停，见无人敢应答，于是笑了笑，用手指向窗外那高楼林立的开发区，说道："20年前这里曾是一片荒地，在管委会的一次会议上主任就曾这般问过'在国家没有一分钱投入的情况下，谁有勇气站出来开发那片荒地？'有一个年轻人犹豫了很久，最后终于勇敢地站了起来。经过一番努力，今天，这里变成了现在这般繁荣的景象。"

虽然老总始终没说那个年轻人是谁，但他潜意识里明白那个年轻人就是老总自己。

假如错过了这次机会，自己很可能将碌碌无为地度过一生。想到这儿他猛地站起来说："我愿意！"

老总什么也没说，只是笑着点了点头。在以后的日子里，他发现上司每次总是给自己比别人多很多的工作，其中不乏一些重要的公司机密。

不久，他得到了提升。转眼10年过去了，他已经有了自己的公司，并创下了惊人的业绩，他本人也成为商业界的一颗璀璨明星。

人们常说，是金子总会发光，其实不然。并不是每一位有才华的人就一定会飞黄腾达，当机遇不来的时候，怨天尤人也无济于事。但当机遇来临的时候，犹豫不决、畏缩不前则是你自甘平庸的症结。

塔木德启示

在通往成功的道路上，处处都可能有被错过的良机，只有善于把握机会，哪怕是万分之一的机会，你的财富梦才有可能尽快实现。

四、致富的机会来源于变化

犹太人有句名言：没有卖不出去的豆子。如果卖豆人没有卖出豆子，那么他可以把豆子拿回家，加入水让它发芽。几天后，卖豆人就可以改卖豆芽。如果豆芽卖不动，那么干脆让它长大些，卖豆苗。而如果豆苗卖不动，那么再让它长大些，并移植到花盆里，当作盆景来卖。如果盆景卖不出去，那么就再将它移植到泥土里，让它生长。几个月后，它就会结出许多新豆子。一粒豆子，会变为成百上千颗豆子，这难道不是一种更大的收获吗？

犹太人正是靠这种寻求变化的思维和智慧，成为最有钱的商人，进而屹立于世界民族之林。

同样，一个人，如果思想永不更新，那么他只有死路一条。在瞬息万变的当今社会，真正的危险不是知识和经验的不足，而是故步自封，跟不上时代的步伐。

有人说，世界就如同一个棋盘，而人就像一个“卒”，冲过“楚河汉界”之后方可横冲直撞，实现自己的人生价值。每个人都被一个无形的界限约束着，限制着，有的人不敢突破界限，只能规规矩矩地在界内生活、工作，最终也只能碌碌无为、平庸一生。而有的人却敢于突破界限，摆脱那些繁文缛节的束缚，因而他们欣赏到了界外不一样的风景，领略了界外不一样的精彩，也活出了非同寻常的精彩人生。

其实，财富的获得何尝不是这个道理呢？富人之所以能致富，就是因为他们懂得变通，他们有自己的致富方法，他们有敏锐的捕捉机遇的眼光。有人说成功可以复制，于是有些人开始模仿富人，富人做什么，他们就学着做什么，他们以为踩着富人的脚步走，就能致富，然而事实并非如此，盲目跟风的结果往往是竹篮打水一场空。

我们可以说，一个成功的人生应该是懂得变通的人生，所以当你发现自己对自身定位不准确的时候，就应该及时调整步伐。

他是个农民，但他从小的理想是当一名作家。为此，他一如既往地努力着，10年来，坚持每天写作500字。每写完一篇，他都改了又改，精心地加工润色，然后再满怀希望地寄往各地的报纸杂志社。遗憾的是，尽管他很用功，但从来没有一篇文章得以发表，甚至连一封退稿信都没有收到过。

29岁那年，他总算收到了第一封退稿信。那是一位他多年来一直坚持投稿的刊物的编辑寄来的，信里写道："看得出你是一位很努力的青年，但我不得不遗憾地告诉你，你的知识面过于狭窄，生活经历也显得过于苍白。但我从你多年的来稿中发现，你的钢笔字越来越出色了。"就是这封退稿信，点醒了他的困惑。让他意识到，自己不应该对某些事过于执着。他毅然放弃写作，练起了钢笔书法，果然长进很快。现在他已是有名的硬笔书法家，他的名字叫张文举。就这样，他让理想转了一个弯，继而柳暗花明，走向了成功。

诚然，我们要承认的是，如果一个人要想成功，那么就必须要做到努力、奋斗、坚持不懈，而且这些还必须要建立在一条正确的道路的基础上，若在错误的道路上坚持，只会让你逐渐偏离成功的人生轨道。因此，我们一定要懂得变化和放弃，具备应变的能力，只有这样我们才可能抓住成功的机会。

很多时候，在我们看来难以解决的困境中，其实正蕴藏着机会。机会常常乔装打扮以问题的面目出现，对某一重要问题的解决本身就为成功创造财富提供了良机。犹太人正是这样做的，他们总是能不断寻找成功的机遇，即使在困境中亦是如此，因为他们从不会因眼前的现状而停止思考。在顺境中多思考，我们能保持清醒的头脑、稳健前进的脚步；在逆境中多思考，我们会找到失败的症结，踏上通往成功的道路。

假如现在的你是一个穷人，如果你想致富，那么就别一味地模仿富人，也别将富人的成功经验生搬硬套于自己的身上，找到一条与众不同的致富道路，巧妙地将之发挥出来，你就能获得财富。

东汉初年，辽东一带的猪都是黑毛猪，当地人也都习以为常，忽然有一天，一个商人家中的老母猪生了一窝毛色纯白的小猪，大家都争相来观看。附近一带的人都认为这一定是一个特异的品种，于是就有人给这个商人出主意说："如此干净纯白色的小猪，天下一定少见，你应该把它们送到洛阳，去献给皇帝，皇帝肯定会重重地赏你。"又有人走来给他出主意说："还不如把这群小白猪拉到燕京市场上去卖，肯定能卖个大价钱，物以稀为贵，错过了这个机会你就后悔都来不及了。”辽东商人听了，果然动了心。经过一番盘算，他觉得还是把猪运到燕京市场去卖个大价钱比较划算。于是，他把白毛小猪装上车，向燕京市场进发了。

经过3个多月的艰苦跋涉，等走到燕京时他的小猪也基本上都长大了，他喜不自胜，这一回不知道要发多大一笔财呀！这一天，当他把白毛猪运到市场的时候，简直给吓呆了，原来燕京市场中卖的猪都是白色的，白毛猪在这里不足为奇不说，价钱还不如辽东的黑猪。辽东商人眼看着猪卖不出去，空欢喜一场，心中十分懊悔，心想，还不如在当地卖了，也总比现在这样强啊！

胡思乱想了一阵之后，他灵机一动：既然辽东没有白毛猪，这里白毛猪的价格也不贵，我为什么不从燕京贩几十头白毛猪回辽东呢？那样才是真正的物以稀为贵，肯定能赚一笔。于是，他就从燕京贩了几十头白毛猪回辽东，很快就卖出去了。接着他又贩黑毛猪来燕京，也大赚了一笔。

这已经是一个被人传诵多次的财富故事，但它带来的现实意义却一直是我们应该思考的。财富永远蕴藏在变化之中，毕竟在当今市场经济的大环境下，市场始终是处于变化中的，若故步自封、毫无变化，只会被市场抛弃。

可见，对于有经商头脑的人来说，在变化面前，他们丝毫不畏惧，相反他们能适应变化，并能把变化当做机会，让变化帮助自己成功。通用汽车公司总裁杰克·韦尔奇说：“他一生追求的只有三个字：变！变！变！有原则有方向地变，在变化中获得发展”。在这个变革的年代里，最怕的就是你把自己局限于某个既定的框架里而不思改变。

塔木德启示

财富是与市场有着密不可分的关系的，如果你能始终掌握住市场变化的方向和脉搏，并制订出与之相适应的投资计划，那么你就能致富。

五、每一次不幸都能转化为机会

犹太人在经商的过程中就是认识到这一点，不幸、逆境，有时候也是机会，充分利用它，就能够促进自己的发展。犹太人常说："悲观者只看见机会后面的问题，乐观者却看见后面的机会。"乐观的人，不仅能看到眼前的问题，而且还能发现问题后面的机会。犹太人中流传着这样一个小笑话。

"二战"期间，正是反犹主义和纳粹党横行的时候。有一天，一对纳粹分子闻风来到柏林郊区的一户人家，抓走了一个犹太家庭的丈夫，而留下了家中非犹太血统的妻子。随后，妻子到处走动，通过各种关系终于和监狱中的丈夫取得了联系，并给他写了信，信件的大致内容是：因为丈夫不在家，家里缺少务农的人手，所以这一年可能就要错过耕种马铃薯的时节了。

怎么办？犹太血统的丈夫果然聪明绝顶，接下来，他给家中的妻子写了一封信："不要耕地了，我已经在地里埋了大量的炸弹和炸药。"这些信件自然是要经过纳粹分子的手的，之前来抓他的人开着车来到他家的地里，然后费尽功夫将整片地都翻了个遍，也没有找到炸药。妻子将这件事写信告诉了丈夫，丈夫回信说："那就种马铃薯吧！"

在这则小故事中，犹太人的智慧展现得淋漓尽致。他们就是有本事能将一条死路，经过大脑思考后走成活路，这不是一般人可以做到的，但是犹太人做到了。在美国，犹太人之所以"能在商业界划出一片属于自己的星空"，按照美国学者杰拉尔德·克雷夫茨的观点，是因为"犹太人具有长时间磨炼出来的经商才干和对持续不断的迫害的高度警觉，他们常常选择在供求的某一环节上满足人们需要的灵巧职业和企业。"

并不是所有的人都像犹太人一样机智，犹太人在商场上身经百战，他们经受了无数磨难，练就了一身功夫，所以他们才能在关键的时刻，不让自己走入山穷水尽的将死之路，而是慢慢地将死路走成活路。我们常告诫自己和他人要把握和抓住机遇，其实我们更应该为自己创造机遇，如果做机遇的旁观者，那么你不可能让机遇驻足。你只有积极努力、做足准备，才能张开双臂，在机遇来临时扑个满怀。

罗蒂克·安妮塔是英国著名的女企业家，她是美容小店连锁集团董事长、家庭主妇创办公司的成功典范。

安妮塔出生于意大利，毕业于面向贫民子女的牛顿学院，与丈夫戈登结婚后，日子过得并不宽裕。

安妮塔决定自己创业。结婚前，安妮塔曾到南太平洋旅行，对土著居民使用的以绿色植物为原料的化妆品产生了浓厚的兴趣，她采集了不少天然化妆品配方。她认为天然化妆品一定会比市场流行的化学化妆品更受消费者欢迎，但当前面临的困难在于4000英镑的投入，唯一的办法只有向银行贷款。

安妮塔带着两个女儿来到小汉普顿的一家银行，向经理诉说她的困境，说她急需开一间小店养家糊口，希望银行出于人道主义考虑，向她提供资金支持。经理认为银行不是慈善机构，拒绝了安妮塔的贷款要求。

但是，坚强的安妮塔并没有绝望，她在时刻不停地想办法。安妮塔研究了一番，一周后她穿上特制的西服，俨然一副商界女士的打扮再次来到银行。她还准备了一大摞文件，包括可行性报告和房产凭据等。文件中把她筹划的小店吹捧成世界上最好的投资项目，把自己美化成具有丰富经验的化妆品专业的商界奇才。这次她改变了策略，用商业银行的游戏规则——越有钱的人越容易借贷，来与银行周旋。

那位银行经理因为一周前根本就没把安妮塔放在眼里，所以没认真注意她。这次改头换面再来时，竟没认出她来。安妮塔的资历通过了银行的审查，很顺利地贷到了4000英镑，这笔钱也成为她非常重要的启动资金。

1976年3月27日，安妮塔的美容小店正式开张。由于此前《观察家报》报道了她开店的情况，结果该店一炮打响，顾客盈门，第一天的收入就达到了130英镑。

此后安妮塔不断开设分店，走上了连锁经营的道路，她的小店变成了遍布全球的大企业，许多当初抱有像她一样愿望的家庭主妇，加盟她的连锁集团后成为百万富婆。

其实，无论做什么事，都不可能一帆风顺，失败者选择了放弃，所以他失败了；成功者选择了坚持和面对，所以他在挫折中获得了成长。

洛克菲勒曾说：“我总设法把每一桩不幸化为一次机会。”的确，任何一个人，任何一家企业，都有可能遇到危机，都有可能遇到不幸，我们如何看待不幸、如何处理危机，直接关系到我们能否寻找到出路。可以说，洛克菲勒的创业史处处充满了危机，他曾遭遇资金危机、炼油厂失火、政府污蔑等，但最终，他都凭着强大的自信、强有力的危机处理能力让企业转危为安。

英特尔公司前CEO安德鲁在经过价值5亿美元的且有缺陷的英特尔奔腾芯片必须被召回并更换的灾难性事件后，在其自传《只有偏执狂才能生存》一书中说道："商业成功饱含自身毁灭的种子。"因为，商业环境变化不是一个连贯的过程，而是一系列亮点或者"战略转折点"，如果一个公司的运营基础突然发生变化并且没有预先的警告，那么这些点的出现就可能意味着新的机会或者是终点的开始。

生活中的人们，我们也要明白，其实所有的坏事情，只有在我们认为它是不好的情况下，才会真正成为不幸事件，只要能够从坏中看到好，采取有效的措施扭转这个趋势，耐心地找准一个方向，就一定会别有洞天。这样，不仅能解一时之围，还能找出你自身存在的问题，使自己赢得更持久的能力。

培木德启示

人们在做一件事情的时候，经常会因为方法不当而走入死路，这时候，转换一下思路，就能让死路变成活路，但有的人不知道如何转变，只是一味地按照原来的思路走，这样就容易让自己的路越走越窄，甚至出现无路可走的情况。

六、机遇来临时，借钱也可以发展事业

在生活中，我们总是强调做事要脚踏实地，但脚踏实地并不等同于故步自封，也并不是否定冒险的价值。事实上，我们也不难发现，那些致富

成功的人，他们的“第一桶金”有时候并不是赚来的，而是借来的，那些只靠自己一点一滴、日积月累挣钱发达的人少之又少，更多的人是因借钱而发财，这其中的道理并不深奥，因为1块钱的买卖远远比不上100块钱的买卖赚得多。

犹太人认为，要想使事业不断向前发展，就一定要在适当的时候扩展业务，否则就不能获得经济上的回报，由于扩展业务是需要一定资金的，所以如果你认为摆在面前的是难得的机会，那么即使是借钱，你也要发展事业。

在犹太商人看来，在经商中向他人借钱是很平常的事。做生意如果等你赚了钱以后再行动，那就需要等上很长一段时间，你的事业也很难有所发展，这会让对手更加得心应手，对自己一点好处也没有。这时，毫不犹豫地去借钱，才是一项绝对正确的决策。

通过“借”钱做生意，从而发展经济是当今世界通用的一种经营手段。很多成功的生意人都是靠“借”走上发展之路的。

提起美国的“希尔顿酒店”，很多人都知道，那么，希尔顿酒店是怎样万丈高楼平地起的呢？希尔顿本人又是怎样发家的呢？他发财的秘籍就是“借鸡下蛋，靠钱生钱”。

但是大多数情况下，人们为什么不愿借钱呢？其实原因很简单，因为他们输不起，用借来的钱去闯荡，他们会感到不安，他们既想赢，又怕在冒险的世界里输，因为输掉的钱不是他们自身的，而是借来的，还得支付利息，为此他们战战兢兢，最终选择了放弃眼前的机会。

事实上，无论是赚取财富，还是赢得人生，优秀的人在竞技中想的不是输了我会怎样，而是要成为胜利者我应该做什么。眼光长远，看到成功后的路，也许你就有了勇气。

这正如洛克菲勒所说：“借钱是为了创造好运。”洛克菲勒在给儿子的信中，曾提及这样一件事：

有一天，洛克菲勒被告知，他的炼油厂失火了，炼油厂失火，多么严重的事！因此，洛克菲勒损失惨重，虽然他曾经为炼油厂买过保险，但即使要赔付保险金，也需要保险公司走完流程，这是需要相当长一段时间的，而他又急需一笔钱重建炼油厂，他只得向银行借贷，然而在与银行工作人员交涉的过程中，他遇到了极大的难题。

因为，石油行业本身就是一个高风险行业，所以每个银行在为这一行业提供贷款时都是抱着一种冒险的态度的，再加上洛克菲勒的炼油厂刚刚又损失惨重，那些银行家们当然不愿意立即为洛克菲勒放贷。

就在洛克菲勒束手无策时，有一个叫斯蒂尔曼的人出现了，他带着一名提着保险箱的职员出现在了会议室，他对其他几位董事说："听我说，先生们，洛克菲勒先生和他的合伙人都是非常优秀的年轻人。如果他们想借更多的钱，我恳请诸位要毫不犹豫地借给他们。如果你希望更保险一些，这里就有，想拿多少就拿多少。"

洛克菲勒开心极了，他很庆幸自己用诚实征服了这些银行家们。

正如洛克菲勒说的，诚实是一种方法，只有赢得他人的信任，他人才会借钱帮你渡过难关。在洛克菲勒创业之初，他曾多次欠下巨债，甚至不惜把自己的企业抵押给银行，结果是他成功了，他创造了令人震惊的成就。

的确，一个人要想拥有财富，不仅要学会运用金钱，还要学会赚钱。常有人说，爱冒险的人经常失败。但成功的人又何尝不是冒险的人呢？我们总担心借钱会让我们举债，但借钱并不是坏事，只要你不把它看成救命稻草，只在危机的时候使用，而把它看成是一种有力的工具，你就可以用它来创造机会。否则，你就会掉入恐惧失败的泥潭，让恐惧束缚住你本可大展鸿图的双臂，而终无成就。

法国作家拉伯雷曾说："不敢冒险的人既无骡子又无马，过分冒险的人既丢骡子又丢马。"这句话的含义是，我们每个人都应该有冒险精神，但绝不能盲目冒险。

的确，在今天开放的全球化世界中，随机性和偶然性越来越大，往往变幻莫测，难以捉摸。在如此不确定的环境里，勇气就成了最宝贵的资源。人这一生最可悲的不是没有能力，而是没有勇气。当机遇一次次擦肩而过时，如果没有勇气去抓住，那么其他方面再强也没有用。相反，有了足够的勇气，哪怕自己的条件比不上别人，成功的机会也比别人更多。

总之，无论你失去什么，都不能失去勇气，勇气是你走进目的地的钥匙，在机会面前，即使要举债，你也可以赌一把，当然这并不是说你可以盲

目冒险，培根曾说：“我们要时时注意，勇气常常是盲目的，因为它没有看见隐伏在暗中的危险与困难，因此勇气不利于思考，但却有利于实干。所以，对于有勇无谋的人，只能让他们做帮手，而绝不能当领袖。”

塔木德启示

机会总是稍纵即逝的，如果在你面前出现的机遇需要金钱的支撑，那么借钱就是为你创造好运，当然这需要你付出诚信，因为没有人愿意将金钱借贷给信誉不佳的人！

第6章

钱要如何花——学习犹太人的理财智慧

犹太人崇尚金钱，也崇尚节俭，他们不主张过度储蓄，因为储蓄难以致富，为此犹太人建议我们学习理财知识。犹太人有一套属于自己的理财方法——无论什么时候都一定要拨出1／3的金钱，以某种方式储蓄起来，只有这样才能聚集财富。的确，在信息发达的现代社会，对于理财来说，最重要的就是详细了解各方面的信息，并进行综合和判断，将风险降到最低，而这就需要我们学习一些理财技巧。

一、节俭能使未来的利益得到保障

我们常听到这样一句话："一粥一饭，当知来之不易"，这是被古人推崇的，可是在物质生活日益发达的今天，这种美德却被年轻一代搁浅了。一些年轻人甚至把"有钱"作为自己炫耀的资本，认为有钱、消费就是获得快乐的方式，这是一种错误的经济意识，会扭曲年轻人的价值观，所以必须加以调整。

在犹太商人看来，人生在世，每个人谁都要有危机意识，要把目光放长远一点，这样我们就会发现，我们应该把未来生活的压力减到最低，而节俭能使未来的利益得到保障。

犹太人弗兰西斯·霍拉在即将踏入社会的时候，他的父亲曾对他提出忠告说："我希望你能够天天快乐，但我认为还是要多次提醒你，千万记住要节俭，这是对任何人来说都要遵循的，或许一些人会忽略这一点。其实，节俭是通向独立的大道，而独立则是每个精神高尚的人都追求的崇高目标。"

关于洛克菲勒，我们都知道他是石油大王，坐拥人人羡慕的巨额财富，我们也知道他一直节俭成性，但作为美国最大的资本家，他一生投入在慈善事业上的金钱让人叹为观止——洛克菲勒一生捐献了5.3亿美元。20世纪20年代，洛克菲勒基金会成为世界上最大的慈善机构，而且他还赞助了全球性的医疗教育和公共卫生事业，洛克菲勒整个家族的慈善赞助超过了10亿美元。中国受益尤多，接受的洛克菲勒家族捐献的资金仅次于美国，1915年，洛克菲勒基金会成立中国医学委员会，而我们现在著名的北京协和医科大学就是由该委员会负责在1921年建立的，这所大学为中国乃至全世界培养了一批又一批医学人才。

一位检察官曾这样称赞过他："除了我们敬爱的总统，他堪称我国最伟大的公民。是他用财富创造了知识，舍此无第二人。世界因为有了他而变得更加美好。这位世界首席公民将永垂青史。"丘吉尔则这样评价他："他在探索方面所做的贡献将被公认为是人类进步的一个里程碑。"

洛克菲勒本人对金钱的看法是：我不但不做钱财的奴隶，而且还要把钱财当做奴隶来使用。他还曾说："我宁愿过简单的生活，在不铺桌布的餐桌上吃自己的一碗麦粥。"洛克菲勒一直坚信："我相信节约对于有序生活的重要性，我信奉无论对于政府、商业还是个人事务，节约是健全的财政结构的首要因素。"

洛克菲勒一直知道自己在做什么样的事情。这位出生于纽约州哈得逊河畔小镇上一个穷苦家庭的基督徒，坚信自己装在口袋里的每一分钱都是干净的。他坚信："上帝赏罚分明，我的钱是上帝赐予的。而我之所以能一直财源滚滚如有天助，正是因为上帝知道我会把钱返还给社会造福我的同胞。"

金钱本身从来不是他的目的，权力本身也不是。这个被外界妖魔化的老头子，奇瘦无比，终生过着清教徒般节俭的生活，甚至自己的婚戒也仅花了15美元。当范德比尔特、卡内基等亿万富翁在纽约和长岛大兴土木兴建别墅的时候，他宁愿采取本杰明·富兰克林的主张：过简单生活，在"不铺桌布的餐桌上吃自己的一碗麦粥"。他不买游艇，不加入乡村俱乐部，不收藏任何古董，也不参加社交活动，政治对他没有诱惑力。更多时间是待在办公室里，把精力放在标准石油公司。浪费时间和金钱，对他而言是一种罪孽。

洛克菲勒习惯到一家熟识的餐厅用餐。饭后，他会给服务生15美分的小费。

有一天，不知何故，他只给了服务生5美分。服务生不禁埋怨道："如果我像您那样有钱的话，我绝不吝啬那10美分。"

洛克菲勒笑一笑，说："这就是你为何一辈子当服务生的原因。"

正如洛克菲勒所言，浪费是一种罪。也曾有位哲人说："人类活着的意义和价值就是提高身心修养，磨炼灵魂。"一个贪图享乐的人，又怎么能感受到最简约的快乐呢？对于年轻人而言，过于注重物质生活，也会使你丧失

斗志。俗话说："命好使人废"，温室中的环境是培养不出人才的。

因此，从现在起，我们每个人，对于金钱，都必须有新的认识，更要有正确的消费观——于己，勤俭节约；于人，慷慨大方，我们来看看下面的故事：

小田今年26岁了，和很多"80后"的草莓族一样，他有很多缺点——抗压性差，主动性不够等。

从6岁到现在，他一直在父母的庇佑下长大，他不会做饭，因此即使上班了，他还是每天吃着妈妈为他准备好的便当，他觉得餐馆的食物无论是从味道还是从干净程度上，都完全比不上妈妈做的。

其实小田一直是个生性节俭的孩子，所以当他从报上得知他出生的医院陷入经济困境时，立即二话不说地将存折里的积蓄捐给该家医院。

后来，已经退休的父母收到了医院寄来的收据和表扬信，他们才明白，自己的儿子绝对不会是个小气鬼、守财奴，因为他懂得把钱花在刀刃上，他了解金钱的价值，也懂得如何发挥它的价值。

可现实生活中，我们却发现很多人极尽奢侈，完全有能力节俭，却又很吝啬。如果能施舍贫穷和救助急难，却把大把大把的钱花在朋友之间的吃喝上，这是一种极为错误的消费观，应当给予纠正。

的确，吝啬不等于节俭。在现实生活中，一般人往往把节俭和吝啬看作一对孪生儿，这是一个很大的错误。其实，节俭的意义是：当用则用，当省则省。换句话说，就是省用得当。吝啬的意义却是：当用的不用，不当省的也要省。凡吝啬的人都是金钱的奴隶，而不是主人。对这类人来说，唯有金钱、财物才是最为重要的。为钱而钱，为财而财，敛钱、敛财是这类人的最大嗜好，也是人生的最大目的。

塔木德启示

在人生路上，我们每个人都在为自己的目标奋斗着，但这并不是一个一帆风顺的过程，那些成功者，也必定是经历过百转千回的磨砺和痛苦，甚至是一次痛苦的蜕变，因此我们说，成功是容不得我们有享乐之心的。

二、能花钱才能挣钱

前面，我们谈到，金钱是窥视人格的一面镜子，的确我们对待金钱的态度、如何赚钱以及如何花钱都是衡量我们人格的尺度。然而，金钱与智慧同在，我们要懂得运用智慧赚钱，更要学会花钱，金钱只有在使用时才能体现它的价值。在犹太人研究的《塔木德》中有这样一句话："如果人类没有恶的冲动，应该不造房子、不娶妻子、不生孩子、不工作才对。"钱的"准神圣"地位的确立，使犹太人得以最为自由地施展自己的赚钱才能。

犹太人崇尚金钱，但他们不主张过度节俭，接下来，我们看看这则笑话：

卡恩站在一家百货公司的前面，摆在他面前的是橱窗中琳琅满目的商品，这让他目不暇接。他的旁边，站着一位抽着雪茄穿戴得体的犹太绅士。

卡恩恭恭敬敬地对绅士说：

"看你的雪茄，应该不便宜吧？"卡恩这样问绅士。

"2美元1支。"绅士回答。

"天哪……那么，您一天抽多少支呀？"卡恩很吃惊。

"10支。"

"哦，天哪，那您抽多久了？"

"40年前就抽上了。"犹太绅士很平静地回答。

"什么？难以置信，不知道您算过没，假如你不抽烟的话，您省下的钱足够买下这幢百货公司了。"

"那按照你的意思，您应该不抽烟吧？"

"是的，我不抽烟。"

"那么，您买下这幢百货公司了吗？"

"没有。"

"告诉您，这一幢百货公司就是我的。"

从这种幽默故事中，我们不得不说卡恩是聪明的，他有着惊人的算术能力，一下子就能算出如果一个人40年不抽烟的话，能省下多少钱；另外，他也是节俭的代表，他从未抽过2美元一支的雪茄，但我们看到，真正有智慧的是这位犹太绅士，因为他更懂得运用智慧赚钱，而不是一味地省钱。钱是靠钱生出来的，不是靠克扣自己攒下来的。

犹太人认为，我们每个人都要学会运用智慧赚钱，也要懂得节俭，但不要过分节俭。《塔木德》说："当富人没有机会买东西的时候，他会自认为是个贫穷的人。"如果自己拥有了金钱，却守着金钱不使用的话，这种做法是愚蠢的，跟贫穷毫无区别。有钱不能花，不正是穷人的表现吗？所以，一个真正的富人，不光会赚钱，更会花钱。

犹太人认为即使要追求神圣的精神生活也不应该限制自己的生活水平，即使是信仰上帝，也可以享受人生，这两者并不矛盾，他们认为自己既应追求精神的崇高，也应该追求世俗生活的幸福，一味追求物质的富有，虽然不是一种好现象，但是一味追求精神生活而忽略物质上的舒适也是不可取的。

因此，犹太人对自己的生活要求很高的品位，他们喜欢豪华的居所，精美的食物和名贵的车辆，因为只有这样才配得上自己所赚取的财富和自己高贵的地位。

犹太人崇尚节俭与他们注重生活的享受这两者并不矛盾。在犹太人看来，我们要想经商，要想赚钱，就要有资本，也就是启动资金，这需要我们积累财富，也就是要节俭，然而赚钱的最终目的也是为了享受生活，如果赚到了钱却不花的话，那赚钱也就没有什么意义了，我们对赚钱也就没有什么动力了。犹太人在日常生活中，当看到有自己十分喜爱的东西时，他们会毫不犹豫地购买，然后他们又会产生新的赚钱欲望。

在繁华的纽约市中心，在高档的意大利餐厅和中国餐馆里，坐着儒雅绅士的犹太人，他们一边和家人、朋友享受美食，一边交谈，十分惬意，让人羡慕。犹太人十分享受花钱的过程，他们经常会为了一顿饭而一掷千金，因为这是他们赚钱的动力。

然而，生活中，总是有这样一些人，他们是金钱的奴隶，而不是主人。对于他们来说，金钱就是他们的生命，是最重要的，他们为钱而生，为钱而死，他们不断地积聚财富，敛财才是他们快乐的源泉，他们的生活模式就是：挣钱、存钱、再挣钱、再存钱……他们最大的乐趣是"数钱"；他们的哲学是：钱越多越好，永远没有满足的时候。对于这样的人，我们大多会敬而远之。

张三是一个出名的吝啬鬼。

一天，他家里来了客人，到了午饭的时间，他只给客人端来一碗稀饭。就在这时，门外来了一个卖熟牛肉的，他的客人不客气地说："给我买斤牛肉吧，在你家总是喝稀饭。"

听到客人这么说，张三不好回绝，便出去买牛肉了，他让客人在屋内等候。过了一会儿，外面传来了张三与卖牛肉者砍价的声音。

"3块1斤行不行？""不行！"

"5块1斤行不行？""不行！"

"7块1斤总行了吧！""不行不行，100块也不行！"

张三回来对客人说："不知怎么的，他就是不肯卖给我。"客人只好自认倒霉。

晚上他妻子训斥他："你是傻了吧，3块1斤不行，还要7块？"张三说："哪儿呀，我是拿砖头和他换呢！"

这虽是一则幽默笑话，但却可以看出吝啬之人的自私。的确，我们想要生存，就需要一定的物质保障，这是生存和发展的需要，但有些人却把这种需要扩大化，并上升到以敛财为目的的阶段，财富积累得越多，对于他们来说就越好。于是，他们竭力追求财富，一旦到了手，就绝不放手，该给别人的，也不愿给，这就是吝啬。说到底，吝啬的人总会把金钱看得太重，觉得财富比其他一切都重要，这样的人，又怎么会有快乐可言？

塔木德启示

人活于世，都需要金钱，没有钱是万万不能的，但人生全部的快乐并不是敛财，还有很多其他的方面。金钱也只有在被使用时才能展现价值，所以我们不可用金钱套牢人生，对待金钱应该有慷慨的态度，会赚钱，更要会花钱。

三、储蓄难以致富

在生活中，我们大部分人都会有储蓄的习惯，认为储蓄能使我们的生活得到保障。诚然，这一理财习惯并无过错，但犹太人认为，任何一个人要想致富，都绝不可过度地储蓄、并以储蓄为喜好。

犹太人富凯尔博士是心理学专家，他说："我并不反对储蓄，而反对等钱存到一定的数目时忘记拿出来活用这些钱，从而可以赚取更多的钱；我还反对银行里的存款越来越多的时候，心里相应地有了一种安全感，觉得有了保障，靠利息来补贴生活费，这就养成了依赖性而失去了冒险奋斗的精神。"

身处21世纪的今天，理财投资是我们每个人都关心的话题，不少人认为钱存在银行能够得到利息，这样做是最合理的，而且已经尽到了理财的责任。事实上，这些人完全忽略了一点，利息在通货膨胀的影响下，实际报酬率接近于零，存在银行的钱等于没有升值，也就等于是没有理财。

如果我们将手头的资金做合理的理财和投资，那么我们最后获得的财富报酬将是我们难以预料的，但唯一可以确定的是，想通过储蓄致富，会比登天还难。将自己所有的钱都存在银行的人，可能年过半百时也不能致富，还可能常常连财务自主的水平都无法达到，这种事例在现实生活中并不少见。那些以储蓄为喜好的人，无非是不敢冒险，认为把钱存在银行才是最好的保障，而事实上，将钱长期存在银行里是最危险的理财方式。

犹太商人认为，如果投资者想跻身于理财致富者之林，那么要先跳出传统的思维模式。同样，生活中的人们，如果你想通过投资致富，就要改变你的理财习惯，要明白储蓄难以致富的道理，因此学点投资技能是必要的。从理财投资中获得财富不仅能改善我们的生活，还可以使我们的钱不会因通货膨胀而贬值，而且可以让我们的收入多起来。所以，我们不仅要努力工作，还要学点理财投资，不然我们只能受穷。我们先来看看下面一则故事：

陈明和王斌是大学同学，而且毕业后在同一个城市工作，也选择了同样的行业，刚开始，他们薪水都差不多，也没存下什么钱。然而，就在第二年的时候，陈明就告诉自己的好朋友王斌，他要买房了。王斌简直不敢相信，要知道，在这个寸土寸金的城市买房，不是什么人都敢开口的。

而且，他们都是刚开始工作的小伙子，即使工作多年、小有积蓄的人也不敢说这样的话。但是，陈明有自己的想法，他认定此时买房是绝佳时期。虽然，手头存款只有几万，但是加上家里的资助，首付是绝对没问题的，其他的，陈明和他女朋友两个人的工资完全可以支付按揭了。果然，不出所料，这套房子在第二年价值就翻了一倍。此时，陈明将其出售，并用卖房的钱为自己买了一套小型公寓，还买了一辆车，这样他和女朋友在这个城市也有了落脚之地。

在毕业不到三年的时间里，陈明就凭借自己出色的投资能力成为这个城市的有房有车一族，而他的好朋友王斌因为对投资理财一窍不通，只是按部就班地努力工作，然后每月将薪水存入银行中。在接下来的三年时间里，虽然他的存款也在增长，但是其购买力却并没有相应增长。

不少人都已经认识到了理财的重要性，认识到了一味地储蓄无法致富，也有些人开始投资，但是却没有一个理性的理财投资计划。比如，一些人看到别人在股市赚到了钱，就跟风炒股，把钱投进股市里，结果遇上熊市，血本无归。这样的人无疑是吃了偷懒的亏，要知道，投资也不是天上掉馅饼的，不努力却寄希望于投机取巧，世间哪有这样好的事呢？

我们看到一些人说要投资，他们会查资料、翻报纸，看杂志，问口碑，勤快得很，但一旦真进行投资了，就不管了。一些信托公司会告诉你购买他们的基金就高枕无忧了，但如果你真的有这样懒惰的心理，还是不宜投资。因为，这懒惰的性格，可能会造成血本无归的下场。比方说，有人投资赚了高兴，而一旦赔了，就安慰自己“没卖就没赔”，后来就一直放在手中不卖，亏到连本都拿不回来，到时候再后悔为时已晚。所以，投资不仅要勤快，而且还要持续地勤快。

另外，你需要多了解一些财经知识，千万不要以为这只是财经界人士的事情。因为，你的生活处处充满着投资的学问。另外，多跟一些投资高手交流，或许你会得到意外的收获。

无论你现在准备投资做什么，你都必须要有创新意识，要敢做敢想，要敢于投资那些别人不敢涉足的领域。

塔木德启示

渴望财富的人们，都不要再死守你的一亩三分田了，一味地储蓄永远都无法积累起财富，尝试去发现新的事物，尝试学习并做一些投资，你将会有所收获。

四、越早理财，越早获得财富

犹太人认为，穷人和富人的差别在于观念，这是思维方式和性格上的悬殊，而不是简单的钱和资产的悬殊。富人思想开放，勇敢而富有理性；穷人思想封闭，害怕风险，比较感性。

对于如何获得财富，犹太人指出，要敢于冒险，其中有一点就是要学会理财投资。的确，对于生活中的我们来说都是社会中的普通人，我们都需要面对日常起居饮食、水电费、住房支出、交友支出、个人、进修支出等诸多生活开支，加之买车买房、结婚生子等，花钱的项目会越来越多，而收入却有限，这便需要合理的投资理财，科学的规划人生。因此，理财越早，回报越早，我们也会越早获得财富。

生活中，很多人总认为理财投资是有钱人的事，其实投资能否致富与金钱的多寡关系并不是很大，却与时间长短之间的关联性很大。人到了中年面临退休，手中有点闲钱，才想到为自己退休后的经济来源做准备，此时却为时已晚。原因是时间不够长，无法使复利发挥作用。要想让小钱变大钱，至少需要二三十年以上的时间，所以理财越早越好，并要养成持之以恒、长期投资的习惯。

被公认为股票投资之神的犹太人沃伦·巴菲特相信投资的不二法门，是在价钱好的时候，买入公司的股票且长期持有，只要这些公司有持续良好的业绩，就不要把他们的股票卖出。巴菲特从11岁就开始投资股市，今天他之所以能靠投资理财创造出巨大的财富，完全是靠60年的岁月，慢慢地在复利的作用下创造出来的，而且他自小就开始培养尝试错误的意识，这对他日后的投资功力有关键性的影响。

同样，生活中的人们，要想致富，也要尽早学习理财，为此你需要记住几点：

1.树立正确的理财观

不少投资新手，对投资比较陌生，如果不调整好心态，不培养自己正确的理财观，很容易陷入理解的误区。

我们投资理财的目的是，通过建立科学合理的理财规划，达到个人资产的保值增值，使自己的收入支出满足人生各个阶段的目标需求。

我们在业余时间可以通过学习了解投资方面的相关信息，通过广泛涉猎基金、股票、黄金、债券等投资类知识，学会阅读宏观经济数据，大体了解当前国内经济现状及发展趋势，积极地与周围人讨论对投资方面的一些看法，如果有时间的话可以与银行等金融机构的专业理财师交流，从而加强你对投资理财的认识，以形成自己的理财观念。

2.明确收支，留住结余

要投资，首先一定要有本金，这是最基础的部分，然后才能生财。

可能你会说，你手头积蓄不多，对此你要想每月都有一定的结余，必须养成一种良好的理财习惯。充分了解个人财务状况，明确每个月的收入是多少，支出有哪几项，每月的收支结余是多少。养成良好的记账习惯，日常消费开支要索取发票、购物小票并及时登记支出明细表，月底整理所有购物小票，汇总编制家庭资产负债表及收支储蓄表，通过比率分析，可以查明超支项，仔细思考原因以便下个月及时更正，增加储蓄。聚财贵在坚持，或许一开始，收支结余微乎其微，但是每个月都有或多或少的结余，长时间积累起来便是自己的一笔财富。

3.适当投资，选择合适你的投资领域

对于投资，我们必须要有充分的认识，因为任何投资都是有风险的，高收益必定伴随着高风险。在进行投资之前，可以与专业的金融理财师进行详细交谈，充分了解自己的投资风险承受力，必须认真阅读产品说明书，详细

了解该产品的投资方向及目标客户，在金融理财师的建议下，选择适合自己的投资理财产品。

比如，如果你想降低风险的话，可以做一份基金定投，这可以作为一个长期投资兼储蓄，起点低，积少成多，基金是专家理财，定投可以熨平各个阶段的投资风险，获得较高的收益。同时，手头要留有一定的现金，以备不时之需。

4.制订人生目标，早做个人理财规划

如果你是个刚踏入社会的年轻人，对于未来，你要有清醒地认识，未来你要做的事有买房、买车、结婚、生子、子女教育、个人进修、休闲旅游、退休等，每一件事情都是人生必须经历的阶段，都需要一笔不小的开支，为了确保这些目标在不同的人生阶段都能够顺利实现，必须及早规划个人资产，给自己提供一个稳定的未来预期。你可以在金融理财师的指导下，建立科学的中长期目标，根据个人收入支出状况、增长比率及投资收益率等做一份个人综合理财规划，日常的财务收支也仅仅围绕这一理财规划，以便在不同的人生阶段各个目标都能够顺利实现，无后顾之忧。

因此，理财师向我们提出五项投资建议：

（1）现在就开始进行理财规划。

（2）定出目前重要的理财目标——子女教育金、退休金等。

（3）选择适合自己的投资方式。

（4）选个好的股票，每月定期定额投资，强迫储蓄。

（5）选择理财产品时“不要将所有的鸡蛋都放在同一个篮子里”，灵活运用多种理财方式。

总之，生活中的人们，应该将投资理财伴随我们的一生，你不理财，财不理你，学会投资理财，越早越好！

塔木德启示

越早开始投资，利上滚利的时间就越长，便会越早达到致富的目标。如果时间是理财不可或缺的要素，那么争取时间的最佳策略就是“心动不如行动”。理财，就从今天开始吧。

五、无知投资是一种冒险

想必任何一个有过投资理财经验的人都已经了解到理财的重要性，“你不理财，财不理你。”然而，理财并不等于盲目投资。事实上，我们都知道，在市场行情好的时候赚钱并不稀罕，难的是躲过不好的市场劫难，并有崭获，且能从本质上深刻认识和分析投资，并建立起相应的投资策略。能做到这几点才算得上是成熟的、理智的投资者。

犹太人不仅善于经商，而且还有一套自己的理财方式。犹太典籍《塔木德》中有如下的记述：“金钱容易引发意外，任何人对待金钱都要谨慎，不然就会损失金钱。先要学会看管少数金钱，然后才可以管理更多金钱，这是防止金钱损失的最好办法。”这句话的含义是要告诫我们谨慎对待金钱，不可盲目理财和投资。

我们都知道一个道理，理财和投资行为都是有风险的，只是风险的大小不同而已。那么我们会因为这种风险性而抛弃投资吗？当然不会，因为我们知道不能因噎废食的道理，正因为如此，我们看到一些投资者因为想获得财富而盲目投资，或者跟风投资，别人投资什么，他就投资什么，完全凭自己的感觉，把一切寄托于运气，而最终结果可想而知，当他们看到账户上的数目减少大半时，才后悔当初。

洛克菲勒曾说过“一切事情，你要想搞清楚它的来龙去脉，你得亲自去看……盲目下手的人是捞不到好处的。”这句话和洛克菲勒一直奉行的做事原则——少说多做不谋而合，他有着超强的自信，越临大事越冷静。在他教育子女时，他也一直告诫孩子们凡事要动手去做，而不是眼高手低。

同样，生活中的人们，也要明白，理财投资时，你一定要善于思考，思考自己选择的投资方式到底适不适合自己。绝不能人云亦云、盲目跟风，这样只会浪费自己的时间。只有弄清楚自己到底想要从投资中获得什么，适合什么样的投资以及怎样投资的问题，我们才能做出正确的选择。

小李在一家物流公司工作，每个月工资3000多元，他省吃俭用，在工作的几年里，也存了几万块钱，他不希望自己就这么一直打工，心里一直盘算着如何寻找出路，也在寻找发财的机会。

一天午休的时候，他无意中看到几个同事在手机上看股票行情，便好奇地问："你们是在炒股吗？"

"是啊。"其中一个同事回答。

"能挣到钱吗？"小李将信将疑地问。

"当然了，不然你指望那点工资生活啊？不理财投资，永远都受穷。"同事说。

听完同事的话，小李觉得很有道理，想想自己也该做点投资了。

后来，在聊天中，小李听同事说有几只股票涨势不错，就买了其中一只，而且买入不少。小李心想，这下子要发财了，就坐等开盘结果。

谁知道，还不到3天时间，小李就亏了一万多元，这可是小李半年的积蓄，他心里悔恨，但是又不想抛售，心想万一涨了呢，所以他还是选择焦急地等待着，可是接下来几天的开盘情况依然状况糟糕，小李越亏越多，在不得已的情况下，他割肉卖出了，一个星期的时间，小李就莫名其妙地损失了好几万。

后来，小李去咨询了一位投资经理人，告诉了他自己的情况，听完这位经理人的回答之后，小李才如梦初醒，这位经理人是这样回答的："李先生，任何一种投资，最忌讳盲目行动，尤其是股市，股市是一片汪洋大海，如果你连怎样炒股，怎样选择那支股都不知道冒然试水的话，是很容易被股市吞没的。"

因此，在投资领域，无知的投资是一种冒险，通常带来的结果也是负面的。无知，刚开始时会让你产生幻想，但最终的结果却是痛苦，如果你还没有意识到自己是无知的，那么痛苦就会继续。

当然，要致富，我们不但要注重知识积累，还要注重生活积累，当你的头脑里充满了新的东西时，大脑的工作速度自然会加快，对信息进行分析、思考、判断、推理之后，你就会找到最适合自己的行事方法，而创造力就是如此产生的。

不过，对于现在的你来说，不必眼光放的太长远，我们不必关注世界，可以关注国内，关注身边的事，甚至可以关注你所在的地方，这样在一个有限的范围内你就是第一人，因为世界无限大，但你生活的世界却不太大，所以你只需要在一定的范围内成功就可以了。

当然，要让自己的脑袋“富”起来，生活中的人们，还需要做到这样几点：

1.做好致富知识积累

任何一条致富路，都是一门学问，都是需要我们通过学习积累去获得的。以投资理财为例，事实上，也没有人天生会投资理财，大多数都要靠后天的学习去掌握。而学习投资知识的方法却有很多。

首先，我们可以通过书本学习知识，这是最基础的，也是最可靠和扎实的方法。

其次，全面的投资知识学习要从以下几个方面展开：储蓄、债券、基金、保险、股票、外汇、期货、信托、黄金、房地产、典当、收藏等。

2.学习他人的投资理财经验

投资是一场注重实践的活动，你若想获得最精湛的投资理念、最实用的投资工具、最实战的投资技巧，还要学习最直接的经验，这些都是书本上未必能学得到的，需要我们从投资经验丰富的前辈身上学习。

3.积累投资理财经验

当然，要学到有用的投资知识，我们还需要参与实际的投资活动，进而积累经验。

总之，每一条致富路，最忌讳的就是无知冒险，只有具备一定的知识和经验，才能避免盲目跟风，才会真正获益。

塔木德启示

在日新月异的当今社会，我们周围的人和事每天都在发生着变化，信息更新之快是我们无法想象的，我们只有时刻学习和积累，才能保持敏锐的触觉，看到自己的位置，然后投身到财富的创造中去，否则盲目投资和理财，只会带来更多的烦恼和不快。

第7章

解放思想开发你的商业潜能

犹太人常说，生意无禁区，犹太人崇尚灵活变通的经商思维，他们认为，做生意一定不能循规蹈矩，如果走别人的老路，只能被时代的列车抛下。所以，几乎很多在我们看来无法解决的商业难题，都难不倒犹太人。因此，我们每个人，都要学习犹太人的生意经，尤其是其思维方法和习惯，从而帮助我们早日与财富结缘。

一、解放思想，善抓机会

前面我们谈到，犹太人认为，即使是一美分也要赚，也就是说，他们不放过任何一个可以赚钱的机会。

在犹太商人看来，生意无禁区，只要是合法的赚钱生意，都可以做。这一生意经，确实值得每个渴望致富的人学习。

所以，我们可以说，成功是没有固定模式的，只要你能走一条与众不同的道路，机会总是有的。

英国人霍布代尔是一所中学的一位勤勤恳恳的清洁工，已经在那所学校工作多年。一次偶然的机会，学校新来的校长发现霍布代尔是个文盲，这位校长不能容忍自己的学校中有一个文盲，于是，将他解雇了。霍布代尔痛苦万分，因为，对于他这样一个文盲，到哪儿去工作都将面临困难。痛苦中的霍布代尔并没有自暴自弃，他开始思考这样一个问题：我真的一无是处了吗？突然，他高兴起来了。原来他想到了他的手艺——做腊肠。霍布代尔做的腊肠曾深受学校师生的欢迎。基于此，霍布代尔产生了做腊肠生意的念头。他做得很好，几年后，在英国有人不知道莎士比亚，不知道劳斯莱斯，但没有人不知道霍布代尔的腊肠。

在我们身边，有很多和故事中的霍布代尔一样的人，他们没有高学历、没有雄厚的资金，他们被别人看不起，但他们能找到自己的长处，然后将之充分地发挥出来了，最终，他们也获得了别人不曾预料到的成功。

成功学专家A.罗宾曾经在《唤醒心中的巨人》一书中非常诚恳地说过：“每个人都是天才，他们身上都有着与众不同的才能，这一才能就如同一位熟睡的巨人，等待我们去为他敲响沉睡的钟声……上天也是公平的，不会亏待任何一个人，他给我们每个人以无穷的机会去充分发挥所长……这一份才能，只要我们能支取，并加以利用，就能改变自己的人生，只要下决心改变，那么，长久以来的美梦便可以实现。”同样，在赚钱的道路上，路有千万条，只要我们能解放自己的思想就能找到。

甲骨文公司的创建者埃里森没有显赫的身世，甚至可以说出身卑微。1944年，他母亲19岁时生下他，又遗弃了他，全靠姨妈把他抚养成人。在埃里森的记忆里，只与母亲见过一面，知道她是犹太人，而父亲的身份至今还是一个谜。不知是否和身世有关，埃里森的坏脾气臭名远扬，“骄傲、专横、爱打嘴仗”成了埃里森的代名词。

“读了三个大学，没得到一个学位文凭”，换了十几家公司，还是一事无成，直到32岁，埃里森才用1200美元起家，创造出“甲骨文”奇迹。

埃里森是推销高手，他不只直接推销产品，更聪明地为产品的市场环境造势。他到处宣传关系数据库的概念，称其可以加快数据处理效率，容纳和管理更多的数据。与此同时，每次埃里森推介演讲时，题目经常是“关于数据库技术的缺陷”，然后紧跟着就介绍甲骨文是如何解决这些问题的，当场演示，让人们印象深刻。可以说，埃里森成功靠的不仅是技术，更多是市场推销。

埃里森懂得抢先占领市场的重要性：研制产品并将其卖出去是最主要的事情，其余的事情都不重要。他公司的发展策略是：拼命向前冲，拼命兜售ORACLE的产品，扩大其市场占有率。

他培养了一批“狼性”十足的销售人员，这些人员的贪婪和竞争本能得到了最大限度的发挥，继而转化为不可思议的战斗力，最终转化为不可思议的业绩。ORACLE的销售部门不是一个“懦夫待的地方”，它是一个竞技场。疯狂追逐胜利的“疯子”在ORACLE会成为吃香的人，发挥平常的人则不受待见，甚至被迫卷铺盖走人。

这就是埃里森的精神，他的成就是，2007年《福布斯》全球富豪榜第11名，上榜资产215亿美元。

经营之神松下幸之助曾说，人生成功的诀窍在于经营自己的个性长处，经营长处能使自己的人生增值，否则，必将使自己的人生贬值。他还说，一个卖牛奶卖得非常火爆的人就是成功，你没有资格看不起他，除非你能证明你卖得比他更好。一般来说，很多成就卓著人士的成功，首先得益于他们充分了解自己的长处，根据自己的特长来进行定位或重新定位。可以说，埃里森在读书这一点上并不擅长，但他擅长推销，擅长培养人才，他就是一个特立独行的创业者。

塔木德启示

赚钱没有固定的模式，我们在经商或者创业过程中，要尽可能避免各种非理性的先入之见和属于意识形态因素的影响，这样，我们赚钱的道路才不会被限制。

二、与成功者为伍，从合作走向卓越

犹太经典《塔木德》中有这样一句话："和狼生活在一起，你只能学会嗥叫；和那些优秀的人接触，你就会受到良好的影响。"同样，如果我们多结交有特殊专长和才能的人，那么，我们也会受其影响，"集众家专长于一身"，变成优秀的人。

犹太人认为五个朋友决定你的一生，与什么样的人交往就注定了你会是怎样一个人。的确，每个人交朋友的标准都不一样，有些人喜欢结识能力、经验都不如自己的人，因为这样，他们能获得一种快感，是一种满足。但聪明的人绝不会这么做，他们会努力结交一些比自己优秀、更聪明、更有能力的人，这样，不仅有利于提升自己的能力，而且更能在日后得到他们的帮助。因为他们懂得"和什么人交往，就会变成什么样的人"的道理。

或许你会认为，带着目的交际、结交那些有专长和特殊才能的人是一件有心机的事，你是不是也常和一些对自己完全没有帮助的朋友见面，每次连自己都感到是在浪费时间和金钱，却把它当作是讲义气呢？朋友应该具备值得自己学习的优点。这样才能彼此进步，建立良好的长久关系。人们固然愿意结交与自己类似的人，在和这样的人交往时，也会慢慢地成为那样的人。因此，结交什么样的朋友，就足以说明自己也是什么样的人，而结交不一样的人，也会有改变的机会。

1980年，获得诺贝尔经济学奖的舒尔茨教授应复旦大学邀请进行学术访问，访问结束前到北大演讲。时值中国高考恢复不久，学校找不到英语专业又熟悉西方市场经济学的学生做翻译。林毅夫是个特例，他原是从金门泅游到中国大陆的台湾军官，在中国台湾已经获得过企业管理学硕士，再加上英语基础好，便担任了舒尔茨教授的翻译。在翻译过程中。林毅夫让舒尔茨教授深感惊讶和欣赏。舒尔茨教授回国后，主动写信给北大经济学系以及林毅夫本人，邀请他到芝加哥大学经济学系攻读博士学位。1982年，林毅夫来到芝加哥大学，80岁高龄、已有10年没有带过博士生的舒尔茨教授破例将其招为关门弟子，正是芝加哥大学的留学经历为林毅夫日后的事业发展打下了坚实的基础。

的确，林毅夫十分幸运，因为结交了博学多识的舒尔茨教授，他的人生从此开始辉煌起来。

西方有句名言："与优秀者为伍。"日本有位教授手岛佑郎，研究犹太人的财商，得出的结论是："穷，也要站在富人堆里。"认识关键和重要的人物，当然不是要你非常势利。但很明显，知己、好友、有益的朋友、重要的朋友，我们都需要，许多成功者可以给我们带来新的观念、价值和经验。

我们再来看看保罗·艾伦和比尔·盖茨之间的友谊：

保罗·艾伦是微软的创始人，他多次在《福布斯》富豪榜上名居前列，2005年再次排行第7位。

现今52岁的保罗·艾伦，似乎一直以来都掩盖在比尔·盖茨的光环之下，人们只知道他和比尔·盖茨共同创立了微软，却忘记了正是他把比尔·盖茨引入到软件这个行业，而就是这样一个软件业精英，一个富于幻想的开拓者、一个为玩耍一掷千金的豪客、一个总是投资失败却成功积聚巨额财富的商界巨子，却在创造着一个传奇——他有取之不尽的财源、独树一帜的投资理念，也有与众不同的成功标准。

1968年，与盖茨在湖滨中学相遇时，比盖茨年长两岁的艾伦以其丰富的知识折服了盖茨，而盖茨的计算机天分，又使艾伦倾慕不已，就这样，两人成了好朋友，随后一同迈进了计算机王国。艾伦是一个喜欢技术的人，所以，他专注于微软新技术和新理念，盖茨则以商业为主，销售员、技术负责人、律师、商务谈判员及总裁一人全揽，微软两位创始人就这样默契地配合，掀起了一场至今未息的软件革命。

有人说，没有保罗·艾伦，微软也许不会出现，但如果不是托盖茨的福，艾伦也许连为自己的“失误”买单的钱都不可能有，而这并不是偶然，比尔·盖茨曾这样说过“有时决定你一生命运的就在于结交了什么样的朋友，换句话说，从某种角度而言，你与之交往的人或许就是你的未来，保罗·艾伦与比尔·盖茨就是这样互相决定了未来。”

保罗·艾伦与比尔·盖茨的故事告诉我们一个道理：与最优秀的人在一起，优秀将成为一种习惯。机会不是天外来物，而是人创造的，能力突出的人显然会带给你更好的机会，更重要的是与他们相处，可以提高自己的能力，不仅可以从他们的成功中学到经验，而且可以从他们的教训中得到启发，我们甚至可以根据他们的生活状况以此来改进自己的生活状况，成为他们智慧的伴侣，这自然也会使你变得更加优秀。

为了实践这点，我们要做到：

1.不局限于你经常接触的圈子

除非你本身已经是个很高端的人物。譬如，学生就可以争取以志愿者的身份参与各种重要活动、成功人士讲座、校外会展等；毕业生争取进入一流大公司，通过职业交际结识更多的杰出人士。

2.有目标地结识，为自己找个好老师

在人际交往中，知识文化层次高、有特殊才能或者成功人士很多，但我们不可能人人结识。因此，我们要学会有目标地结识，比如，那些同专业里的专家、权威人士，与他们结识，把他们当老师，我们不仅能学到最精尖的专业知识，还可能得到他们的帮助、提携、提拔，让我们飞黄腾达，甚至能在行为得失上给我们以指点，也能扶持我们一步步成长、成功。

塔木德启示

正所谓“画眉麻雀不同嗓，金鸡乌鸦不同窝。”这也许就是潜移默化的力量和耳濡目染的作用。如果你想成为一个睿智的人，你就要和睿智的人在一起；如果你想优秀，那你就要和优秀的人在一起，你才会出类拔萃。读好书，交高人，乃人生两大幸事。

三、穷，也要站在富人堆里

日本有位教授手岛佑郎，研究犹太人的财商，得出一条结论：“穷，也要站在富人堆里。”他后来还以此作书名，写成了一本著名的畅销书。犹太人认为，当然，结识有钱人，“站在富人堆里”，是一种打通自己财路的方法。当今社会，人脉资源的重要性早已毋庸置疑，我们凭借自己一人之力是很难成功的，而多结交一些有钱人，你会发现，你赚钱的机会就无形中增多了。而且，这两者是成正比的，你的人脉档次越高，你的钱就来得又快又多，这已经是人所不争的事实。所以不要再抱怨自己的财运不好，现在你应该明白不是你的财运不好，而是你没找到发财的捷径，因此你还不能够成功。因此，如果你希望自己的财路越来越广，那么，就赶紧走进有钱人的圈子里吧，这已经成为很多生意高手为人处事的重要法则。

一位著名的企业家通过“十年修得同船渡”的方法结识许多社会名流，他的经验是：“在每次出差时，我都选择飞机的头等舱。一个封闭的空间，不会有其他杂事或电话干扰，可以好好地聊上一阵。而且搭乘头等舱的都是一流人士，只要你愿意，大可主动积极地去认识他们。我通常都会主动地问对方：‘可以跟您聊天吗？’由于在飞机上确实也没事可做，所以对方通常都不会拒绝。因此，我在飞机上认识了不少顶尖人物。”

也许有人认为，结交有钱人是一种趋炎附势的表现，其实，这是人之常情，你就无须畏缩，只需要拿出勇气和智慧来，与有钱人交往、沟通，不断地从内在和外在两方面一起提升自己，一步步迈入名流行列。

2005年，搜房网总裁莫天全曾与Trader公司的董事长JohnMcbain共进晚餐。其间，John打算向搜房网投资2250万美元，以换取15%的股份。当时的搜房网并不急缺资金，也不需要融资。因此，董事会的成员大多不同意John的入股。然而，莫天全却坚持让John入股。我们商会的这位理事认为：John是全球最杰出的企业家之一，Trader是全球最大的分众广告传媒集团——“对于公司治理、长远发展和规划，这两者都能给予我们启发和帮助”。

后来，正是因为John的帮助和引荐（John曾把Trader公司在大洋洲的地产资讯业务，全部转让给了澳大利亚电讯）。2006年8月31日，中国互联网终于迎来了本年度最大一笔投资，澳大利亚电讯以2.54亿澳美元收购搜房网51%的股份，促成一次皆大欢喜的买卖。

也许在正常人看来，这桩买卖没有任何的意义，可是Trader却看到这中间的潜在商机，这就是一种会结善缘的能力。

假设你现在准备在生意场上大干一场，那么，你现在最缺的是什么？你当然会回答“资金和技术”。那么，如果你没资金怎么办？而此时，如果你有足够丰富的人脉资源，那么资金和技术问题就能迎刃而解了。

张景的生意路就体现了人脉的重要性。他的生意如今已经做到了国外，有固定资产过千万，而十几年前，他还只是一个来自河南乡下的穷小子，他说：“我能有今天，靠的都是朋友的帮助”。的确，是人脉造就了他这个千万富翁。

张景非常善于积累人脉，为了自己能认识更多的朋友，他随身都带着自己的名片。他说：“哪天要是出去没有带名片，我会浑身不自在，就像自己没有带钱出去一样。”

大学毕业后，张景被朋友推荐去了一家珠宝公司任总经理，负责在上海筹建业务。工作期间，他认识了第一批上海朋友，其中有很多都是在上海的香港人。在这些香港朋友的介绍下，他加入了上海香港商会，又经推荐当上了香港商会的副会长。利用这个平台，他认识了更多在上海工作的香港成功人士。

后来，张景在朋友的推荐下开始投资房地产。由于当时上海的房地产已经开始火热起来，有时候即使排队都买不到房子。但张景通过一些朋友，不但很容易买到房子，而且还是打折的。几年后，在朋友的建议下，张景又陆续把手上房产变现，收益颇丰。据张景介绍，他目前的资产已经超过八位数，朋友则有两三千个。他说，自己的事业得到朋友的帮助，才会这么顺利。包括开公司，介绍推荐客户和业务等，很多朋友都会照顾我，有什么生意会马上想到我。

从张景一笔笔生意成功的事实中，我们能得到一些启示，那就是要懂得给自己结一张关系网，在这张关系网中，有钱人越多，就越有机会赚到钱，才能实现自己的理想与抱负，这就是培养人脉的重要性。

然而，“站到富人堆里”也并非易事，有一个著名的公关专家曾经说过这样一段话：“要发展事业，人际关系不容忽视。费心安排的话，人际关系便能由点至面，进而发展成巨树。有了巨树我们才能在巨树的大荫下休息，坐享利益。社会地位越高的人，在拓展事业的时候人际关系愈是重要。但是总不能因此就拿着介绍信要去拜会重要人物。就算登门造访人家也未必有时间见你，因为执各界牛耳的人物，通常都排有紧凑的日程表，即使见面，大概顶多也不过5分钟、10分钟的简短晤谈，无法深入。所以，制造与这些人物深入交谈的机会，非得另觅办法不可。”

要想结交有钱人，我们必须要舍得付出，尤其是和钱打交道的生意人，而最忌讳的就是舍不得付出。

有人说，生意捧的就是个人气，如果你开的是家饭店，你的人脉会带朋友来捧场，如果你开的是家商品公司，你的人脉也可能会趁着节日采购大批购进你的商品，因此，积累高端人脉，建立更庞大的营销网络，生意就会越做越大。

培禾德启示

在当今社会，已经不是单枪匹马就可以打天下的年代，任何一件事都需要人与人之间的通力合作，一个人是否能拓展自己的财路，在很大程度上来自于他是否懂得借助有钱人的力量，是否能进入这张关系网。

四、出奇制胜方能脱颖而出

犹太人素来富有经济头脑，在经商的过程中，无论他们所做生意的类别是什么，他们都喜欢出奇制胜，也会想尽一切特殊的方法来让生意红火。正是这些创新的方法，让犹太人赚取了令人艳羡的财富。

犹太人洛克菲勒曾经说过这样一句话："要取得今天的成功，就要在教育与努力之外再加上这些要素——有创造性的、想象力丰富的心灵。"这句话告诉了我们创造性思维的重要性。的确，当今社会已经是信息时代，任何成功者，无不是抓住了成功的商机。年轻人，你也应该记住洛克菲勒的话，并学会在日常生活中多开动你的大脑，培养自己的创造性思维和创造力。

洛克菲勒曾经在写给儿子的信件中提到："我相信，做任何事都不可能只找到一种最好的方法，最好的方法正如创造性的心灵那样多。没有任何事是在冰雪中生长的，如果我们让传统的想法冻结我们的心灵，新的创意就无由滋长。"

的确，我们处理任何事，都并非只有一种方法，我们若想找到最佳的方法，就要不断改变自己的行为和思想，不断发挥自己的想象力。要找出完美想法的最佳途径，就是拥有许多想法。我会不断地为自己和别人设定较高的标准，不断寻求增进效率的各种方法，以较低的成本获得较多的报酬，以较少的精力做更多的事情。因为我知道获得最大成功的人，都是能把事情做得最好的人。

在哈佛的学生中，一直流传着他们的学长史蒂夫·鲍尔默先生的财富故事：

在美国商界，在洛克菲勒家族财富故事后，也出现了一些后起之秀，其中就包括毕业于哈佛大学的史蒂夫·鲍尔默，他是全球领先的个人及商务软件开发商——微软公司的首席执行官。

犹太人鲍尔默先生于1980年加盟微软，他是比尔·盖茨聘用的第一位商务经理。

鲍尔默从小就很聪明，在他读高中的时候，他的母亲带他参加了全国性的数学大赛，在这次大赛中，他拿到了一个前10名的好成绩，并且拿去到了哈佛的奖学金，从此，他顺利实现了他父亲的梦想——考入哈佛。

在哈佛学习的期间，鲍尔默拿到了双学士学位——数学和经济学学位。

鲍尔默告诉曾经在一次新生开学典礼学上说“打开你的思路，放远你的视线。”他说，“因为永远有想不到的机会你没有想到，你没有看到，可是这个机会会给你带来一生惊喜的突变。”

这是鲍尔默对自己成功人生的精彩诠释。思路开阔、目光远见的人，常常能够想在人先，走在人前。

同样，在日常生活中，做生意、赚钱，如果也能做到出奇制胜的话，就会为我们带来财富。

香港一家专营胶粘剂的商店，为了让一种新型“强力万能胶水”广为人知，店主用胶水把一枚面额千元的金币粘在墙壁上，并宣称：“谁能把金币掰下来，金币就归谁所有。”一时，该店门庭若市，登场一试者不乏其人。然而，许多人费了九牛二虎之力，仍然徒劳而归。有一位自诩“力拔千钧”的气功师专程赶来，结果也空手而归。于是，“强力万能胶水”的良好性能声名远播。

当然，这家粘胶剂商店终于如愿以偿了。

在向客户介绍产品时，充分调动客户尝试的积极性是非常重要的。因为这样做，产品给他们的印象更深，理解也更透彻。

当今社会，任何人要想赚钱，要想做好生意，都不能忽视思维的力量，那些头脑灵活、拥有思想的人在这个社会更有打拼的出路。因为在打拼的过程中，谁都会遇到难题，只有开发大脑、出奇制胜，才能做到运筹帷幄，才能解决现下的难题。诚然，在难题面前，任何人都可能会产生一些焦躁的情绪，但焦躁对于事情的解决毫无帮助，我们只有静下心来，才能冷静地思考解决的方法。

在生活中，平庸者多，除了心态问题外，还有思维能力，他们在遇到问题时，总是挑选容易的倒退之路。“我不行了，我还是退缩吧”。结果陷入失败的深渊。成功者遇到困难，总能心平气和，并告诉自己：“我要！我能！”“一定有办法”。有时候，可能你觉得已经进入了死胡同，但事实上，这只是你没有找到出路而已，而改变事物的现状就是运用思维的力量，思路一变方法来，想不到就没办法，想到了又非常简单，人的思维就是这样奇妙。

拒绝新的挑战是非常愚蠢的，而传统型的想法是我们创造性计划的头号敌人。创新并不是一时之功，更需要我们做到出奇制胜，每一个年轻人都应该让自己的思维变通起来，当大家都朝着一个固定的思维方向思考问题时，你不妨换个方向思索，这实际上就是以“出奇”去达到“制胜”。这种思维方式一旦运用到工作中，效率就会大大提高，你也可能会得到不同寻常、出其不意的成功。

总而言之，你若希望自己拥有一个灵活的头脑，就要学会在日常生活中重视训练自己的大脑，因为人的大脑就如同一台机器，长时间不使用，它的工作能力就会下降甚至不适用。

塔木德启示

21世纪的竞争实质上就是智力的竞争，谁拥有赚钱的智慧，谁就能在社会上如鱼得水。如果没有赚钱的智慧，只是用循规蹈矩的办法挣钱、用钱，终究会被时代列车甩出去。

五、经商要看到市场背后的需求

每个商人都希望自己财源广进，也就是希望不断赚钱。要做到这一点，首先要看到市场背后的需求。一些有成就的犹太人，就是凭借商业头脑在商界独领风骚的。他们能够根据当下的形势分析出未来市场的需求，超前的意识和敏锐思维，能帮他们迅速地作出预测，采取行动，从而把握未来，成为事业上的先行者。

曾经有人总结了这样一个有趣的现象：改革开放初期，有些人赶上机会，自己做起了生意，那个时候市场还一片空白，只要出手就能发家致富；

稍后，有些也渴望发财的人说，现在晚了，要是头几年投资就好了。然而，就是在这样的情况下，还是产生了大批的成功者。再过几年，又有人感叹：现在是真的晚了。然而，成功者还是如雨后春笋般涌现出来。那些碌碌无为的人总是感叹晚了，而那些少数成功的人，他们很少感叹生意难做、项目难找或竞争太激烈，即使周围的人总是感叹太晚了的时候，他们总能找到市场契机，总能获得一笔笔财富。

可见，任何一个渴望致富的人都要明白：无论你现在多大年纪，无论现在市场情况如何，只要你有心寻找机遇，那么，就没有什么来不及；只要你立即行动、大胆地去实践，而不只是把它当成一个遥不可及的梦想，你就能实现你的财富梦。

在冰天雪地的阿拉斯加，把冰块卖出去。听起来似乎不可思议，但是在现实生活中就有这样的例子。

有一位销售人员，在阿拉斯加的冰河里收集冰块，然后以3美元/公斤的价格卖给当地的客户。他是怎么做到的呢？

这位销售员是阿拉斯加的食品商人，他并不把客户当成是他的上帝，他甚至不急着去推销他的产品。他首先努力使自己成为客户的朋友，做他们的伙伴。他每天都花一定的时间和客户在一起，去观察和了解他们。他发现客户都喜欢喝冰镇的饮料，但是冰块在饮料中容易融化，很快致使饮料变淡，影响口味。这个问题让客户很头疼，但又束手无策。

他充分研究他们遇到的问题，查阅了大量资料，终于找到了解决问题的方法。他挖出阿拉斯加冰河底层的冰块，这些冰块因为有着成千上万年的历史，密度很大，融化的速度很慢，可制冷，却不稀释饮料。

他成功了，他因为帮助客户解决了生活中的难题而获得了他们的信任，也因此得到更多的商机。

这个案例也给人们一个启发：这位销售员居然能够在阿拉斯加把冰块卖掉，我们为什么不能看到市场背后的需求呢？这位销售员就是高明的投资者，真正的投资绝不是投机，不是一锤子买卖，而是需要付出辛劳的，更是考验投资者的眼光和智慧的。

美国的施乐公司在复印机行业拥有500多项专利，假如一个企业要花钱买它的500多项专利，制造出来的复印机会比施乐贵几倍，根本没有市场。施乐用专利技术的办法来保护自己。

但是，施乐复印机有几个致命的缺点：

（1）施乐复印机一般是大型机，虽然速度性能都很好，但是价格高达几十万、上百万，大企业也只能买得起一台。

（2）大公司里的复印机只能放在一个地方，不同楼层的人哪怕复印一张纸也要跑到那去，很不方便。

（3）如果老板要复印人员晋升、涨工资等保密的文件，不愿意交给专门的部门复印，也就是说保密性不好。

日本的佳能公司针对施乐存在的这几个问题，积极开发设计小型复印机，把价格降到1/10、1/20；而且简单易用，不必专门人员操作；小巧方便，每间办公室都可以布置一台，老板的办公室也可以有一台，解决保密问题。

就这样，施乐在几个细节上被佳能打败了。

施乐这样实力雄厚的公司，却被佳能打败了，说明了什么？哪怕你的竞争对手再强大，你也能找到打败他的方法。同样，看似饱和的市场，只要你留心，就能找到突破点。

相对来说，大投资不可能做到兼顾各个方面，而低投资能弥补这一不足，能和市场、人们的生活息息相关，能使投资更加丰富、完善。另外，在抵御风险上，它有更强的灵活性。只要你拥有敏锐的眼光和灵活的手腕，完全可以加入其中，走自己的路，赚自己的钱。

诺贝尔经济学奖获得者萨缪尔森教授曾经说过："人们应当首先认定自己有能力实现梦想，其次才是用自己的双手去建造这座理想大厦。"如果你有心寻找机遇，就不要有资金太少、起步太晚的顾虑。要知道，再难做的市场，也有人赚钱；再好的时机，也有人丧失了；再少的资金，也能致富；再多的财富，也会因为投资失误而破产。在创业的道路上，大有大的方针，小有小的对策；早有早的模式，晚有晚的做法。想得到就有可能做得到，穷人不必气馁。

的确，我们一定不能忽视的一点是：人是需求的来源者，哪里有人，哪里就有需求；不同的人有不同的需求，即使是那些大公司，也未必能面面俱到，就如案例中的施乐公司和佳能公司，佳能后来居上，就是因为它看到了这一点，制造出了令人信服的灵巧的高质量的产品。

生活中，经商的人们也要学习犹太人和施乐公司的这种灵活变通的精神，懂得着手从细微的差别作改进来不断满足客户的需求。有时候，看似细小的优势却会为你赢取巨大的机会。

塔木德启示

市场的需求是源源不断的，只要你善于发现，只要你立即行动。放下资金太少、起点低或时间晚的那些顾虑吧，从现在起着手进行吧，收获是迟早的事。

第8章

犹太人的契约精神，一纸契约最具约束作用

我们知道，犹太人是最会赚钱的民族，是颇具智慧的民族。犹太商人也是擅长以智慧取胜的商人，而他们最重要的品质就是讲诚信。犹太人是“契约之民”，犹太人在经商中最注重“契约”，只要是他们承诺过的，无论是纸质合同、还是口头协议，他们都会遵守；他们也崇尚遵守商界的规则，所以他们从不偷税漏税，但是他们懂得钻法律和规则的空子，这也是他们过人智慧的体现。

一、契约是与上帝的约定

我们都知道，犹太民族是世界上最聪明的民族，也是最会经商的民族，他们虽然四处漂泊、备受迫害，却一次又一次的以富人的面貌出现在世界上。其实，犹太人之所以能成为富翁，不仅是因为他们有着过人的经商智慧，还因为他们是商人中的君子，他们讲究诚信，重视契约，这不仅是一种商业道德，也是一种经商的法则。

犹太人是“契约之民”，犹太人在经商中最注重“契约”。在全世界商界中，犹太商人重信守约是有口皆碑的。犹太人一经签订契约，不论发生任何问题，决不毁约。

犹太人认为，“契约”是和上帝的约定。犹太人由于普遍重信守约，相互之间做生意时经常连合同也不需要。口头的允许也有足够的约束力，因为“神听得见”。

犹太人信守合约几乎达到令人吃惊的地步。在做生意时，犹太人从来都是丝毫不让、分厘必赚；但若是在契约面前，他们纵使吃大亏，也会绝对遵守。

在商界，第一个喊出“顾客不满意保证退款”口号的就是犹太人罗森沃德。同样，现代商战中，如果我们都遵守市场诚信的契约，也会营造一个和谐的经济社会。

的确，当今社会，诚信在个人信誉和企业运作过程中的重要性已经毋庸置疑，事实上，我们任何一个人，无论是经商还是做人，如果想在未来社会站住脚，就必须培养成说到做到、“言必行，行必果”的好习惯，一个有信义的人，才是有魅力的人。

宋庆龄的母亲叫倪桂芝，浙江余姚人。早年毕业于上海培文女子高等学堂，后在一所教会学校教书，爱好文学和钢琴。她是一位娴淑而且有教养同时又接受了西方文化的熏陶的女性。

一个星期天，宋耀如准备带着全家去朋友家做客，孩子们大都穿好了礼服就要出发了，只有宋庆龄仍在钢琴前弹奏着那动听的旋律。

母亲喊道："孩子们快走吧，伯伯正等着我们呢！"听到妈妈的喊声，宋庆龄立即合上琴盖，跑出房间，拉着妈妈的手就走。刚迈出大门，突然又停住了脚步。"怎么了？"一旁的宋耀如看到宋庆龄停住了脚步，不解地问道。"今天我不能去伯伯家了！"庆龄有些着急地说。"为什么不能去，孩子？"倪桂芝望着女儿说。"妈妈，爸爸，我昨天答应小珍，今天她来家里，我教她叠花。"庆龄说。"我原以为有什么非常重要的事情呢？这好办，以后再教她吧！"父亲说完，便拉着庆龄的手就走。

"不行！不行！小珍来了会扑空的，那多不好呀！"庆龄边说边把手从父亲的大手里抽回来。"那也不要紧呀！回来后你就到小珍家去解释一下，并表示歉意，明天再教她叠花不也可以吗？"妈妈说。"不！妈妈，您不常说要信守诺言，我答应了别人的事，怎么可以随意改变呢？"宋庆龄不停地摇着头说。"我明白了，我们的罗莎蒙黛是一个守信用的孩子，不能自食其言是吗？"妈妈望着庆龄笑了笑，接着说，"好吧，那就让我们的罗莎蒙黛留下吧！"

宋耀如夫妇放心不下家中的小庆龄，在客人家吃过中午饭，就提前匆匆地回到家中。一进门，宋耀如高声喊道："亲爱的罗莎蒙黛，你的朋友小珍呢？"宋庆龄回答说："小珍没有来，可能是她临时有什么急事吧！""没有来，那我的小罗莎蒙黛一个人在家该多寂寞呀！"倪桂芝心疼地对女儿说。"不，小珍没有来，家中虽然只有我一个人，但是我仍然很快活，因为我信守了诺言。"宋庆龄解释道。听了小庆龄的话，宋耀如夫妇满意地点了点头。

看完这个故事，我们不得不承认，宋庆龄是中华儿女敬佩的女性，小时的她就是个信守诺言的人。生活中，我们发现，越是诚实的人，信誉就越高，就越能获得人们的真诚信任。

同样，在竞争日益激烈的商战中，我们也要讲信用，负责任，要有犹太人的契约精神。在经营企业的过程中，维系企业的信誉更是重中之重。

在2006年11月出炉的中国第一份信誉调查报告——中国企业信誉100强中，海尔成为排名最靠前的中国本地企业之一，在总榜单的第6位。海尔夺得中国外乡企业信誉榜榜首是人们预料之中的事。海尔在20世纪90年代初就确定了“首先卖信誉，其次卖产品”的理念，恰是从这一理念出发，制订了创世界名牌的战略，成为中国家电行业的巨人。

1985年，张瑞敏当着海尔集团全体员工的面，将76台带有质量问题的电冰箱砸毁。就是因为他认识到了企业致命的质量隐患和危机意识不足等缺陷。正确、及时的信息反馈，带来的“海尔砸冰箱”事件，砸出了海尔员工的危机感和责任感，砸出了一套独特的海尔式产品质量和服务管理理念，保护广大用户利益，“真诚到永远”，使海尔集团由一个小企业青岛日用电器厂成长为今天的跨国集团公司。

实际上，并不只海尔集团通过“卖信誉”而赢得公众的信任，很多世界500强也正是坚持这一信念，才走上成功之路。这些500强的跨国公司，很多是“百年企业”，这些企业之所以长盛不衰，也是因为在长期的运营进程中树立的良好信誉。

塔木德启示

无论是经商还是创业，我们都要学习犹太商人遵守契约的精神，并能执着地向前走而不是找“捷径”。因为诚信是经商的法宝，这一点，无论何时都不能动摇。

二、带剑的契约才更安全

霍布斯曾说：“不带剑的契约不过是一纸空文。”那么，什么样的契约是带剑的呢？于是，法律应运而生了。在人类社会长期的博弈中，可以说，早已形成的法律是对合作协议的有力保证。

可以说，犹太民族是世界上最神秘的民族之一。犹太人聪明、好学、知识渊博、头脑灵活等。然而这些突出之处也许并没有什么太特别，因为这样的特点别的民族、别的国家也有不少人具备。但是犹太人身上有个特征恐怕会是世界上所有国家、民族之中独有的：最不轻信他人却又最守契约。

犹太人在很小的时候就会被父母告知不能轻信他人，犹太父母会这样教育自己的孩子：

他们会把孩子放在较高的地方，然后鼓励孩子说：没事，别害怕，大胆地跳下来吧，爸爸妈妈会在下面接住你的！孩子自然会往下跳，但是父母却没有接住孩子，任凭孩子摔倒了，摔疼了的孩子一边哭一边纳闷地望着父母，不知道他们为何要这样做。这时，父母会走过来告诉孩子道理：孩子，你一定要记住，任何人告诉你的话都别轻易相信，即便是你认为最亲的人。

犹太人不轻信他人，但是犹太人却有着强烈的契约精神，他们认为只要有白纸黑字，就一定要遵守。所以，犹太人与人做生意，只要双方认为已经签订了合约，就基本不用再为对方会不会违约而担心了。因为如果其中任何一方一旦违约，那他在犹太人的生意圈子里就无法生存了。因为其他犹太人知道以后，就再也没有人愿意与他做生意，甚至都不会和他来往了。相对于犹太人而言，大概世界上很少有对契约精神如此重视的民族了。

在犹太人的字典里，没有“毁约”二字，但他们常常在不改变契约的前提下，巧妙地变通契约，为自己所用。因为在犹太人看来，商场上最有约束力的并不是道德，而是法律，合法是经商的前提。

从这点出发，我们也要看到，当今社会，最能起到效用的契约就是法律了。因此，运用法律的武器，是使我们的利益不受损的最佳方法。

我们来看下面一个故事：

改革开放之初，在某个县级市的一条公路段，有家生活服务公司，这家公司将下设的一个小门市部交给该单位的一个姓林的人管理，这个林先生用单位名义去市某物料公司赊了2万元的东西，谁知道，林先生是个不务正业的人，很快把门市部弄倒闭了。公司负责人姓徐，当他开始清点剩余物资时，林先生已经另谋出路了。市物料公司很快派一位姓李的小姐来讨债。下面是这场舌战的片断：

李："徐经理，这点钱我们公司已派人跑过几趟了，我们也有我们的难处，还是请你想想办法吧！"

徐："实在抱歉，姓林的不但欠了你们的钱，也欠我们公司的一大笔钱，如今他屁股一拍溜之大吉了，你们找我要债，我又去找谁要债呢？"说完两手一摊。

李："我们都是兄弟单位，工作上应相互支持，相互理解。你公司经营失误造成了损失，我们表示同情；但是，亲兄弟，明算账，这钱迟早得付吧?我们等了两年多了。"

徐：（脸色一沉）"钱是姓林的欠的，不是我徐某人欠的！有人欠你的债，也有人欠我的债，别人不还我的钱，我拿什么来还你的钱?时下信贷紧张，我们也时常是'等米下锅'，你们催得这么紧，这不是雪上加霜，乘人之危吗?"

李："徐经理，你这话就不中听了！货物是姓林的办的，但账是你们公司欠的。我们当初发货认的不是姓林的，而是你们公司的公章。你们也是做生意的，怎么能说这样的话呢?用人不当，经营不善是你们公司自己的事，欠债是你公司与我公司的事。如果亏了本就可以将债务一笔勾销，那你们赚钱时，怎么没与我们分利呢?我们要是乘人之危，早就在法庭上相见了，之所以不这样，不过是想给你们节约一笔诉讼费，做生意么，赚钱赔本总是有的。你说，我们今后还需不需要合作？"

徐："嘿嘿……李小姐，我只不过和你开几句玩笑，你看你……喝水，先喝水，中午不走了，我们招待行不？"

酒后，徐不但认了这笔账，还设法先偿还了一部分，剩余部分也很快付清了。

这则案例中，我们发现，徐某面对自己公司的账务却试图逃脱，但最终却被李小姐说服。在这段话中，李小姐虽然说了一些感性的话，但真正起到作用的，还是法律的威慑。其实，工作中，我们经常会遇到这样一些赖账的人，我们催讨货款，他们除了避而不见、故意拖延之外，甚至"耍无赖"，不认账。利用各种表面上看似“理直气壮”的借口否定自己的债务事实，这给我们的工作带来很大的困扰。而实际上，只要我们能运用法律的武器，对这类赖账的客户给予警告，一般都能起到作用。

当然，除此之外，法律的制约作用还能运用于其他很多情况中。然而，我们在使用法律武器时，还需要注意：

1.对合同和协议严格把关

签订合同是进行交易的关键环节，为此，在签订合同时就应特别谨慎，只有这样才能从根本上降低对方违约的风险。

（1）树立法律意识，科学贯彻合同签署原则。

（2）切记合同的合法、平等、协商和权利对等原则。

（3）对于大宗买卖，最好请专门的法律顾问参与合同的签订。

2.打银行的牌

事先可让法律顾问拟定有效的法律文书，让双方知晓违约的惩罚措施。比如，在还款问题上，声明银行对对方催收贷款，并规定还贷款期限，如对方没按期限归还银行贷款，银行将处罚对方。如此一来，对方也只好接受。

塔木德启示

法律是契约得以实施的有力保证，但我们在运用法律手段时，要有法律依据，要合法。非法行为不仅得不到法律的保护，还会造成一些不必要的损失。

三、信誉是商业中的道德契约

我们都知道，人是社会的人，都生活在一定的集体中。制约我们行为的，除了法律外，还有道德的力量，因为我们每个人都有追求高尚的动机。另外，人际之间也有约定俗成的规范，以此来约束大家的行为。人们经过长期交往形成的社会道德规范，也是制约背信行为的有力机制。

犹太人是诚信的代表，对于他们来说，无论有没有签订合同，哪怕是口头协议，一旦答应，就要做到。所以，哪怕犹太人成功赚到了人们的钱，也给人们留下了“绅士”和“君子”的良好印象。在犹太商人之间，流传着这样一个故事：

有5只猴子被放到一个笼子里；在笼子的上空，放了一串香蕉。众所周知，猴子是最爱吃香蕉的，看到香蕉，它们就伸手去拿。但此时主人会用水去教训“越界”的猴子，后来，再也没有一只猴子敢拿香蕉了。

再后来，这个人在这个笼子里放了一只新的猴子，并取出一只老的猴子。新来的猴子不知这里的“规矩”，也伸手去拿香蕉，结果触怒了原来笼子里的4只猴子，它们代替人执行惩罚任务，把新来的猴子暴打一顿，直到它服从这里的“规矩”为止。

此人不断地将最初经历过水惩戒的猴子换出来，最后笼子里的猴子全是新的，但没有一只猴子再敢去碰香蕉。

起初，猴子怕被新来的、不懂规矩的猴子牵连，不允许其他猴子去碰香蕉，这是合理的。但后来人和水惩戒都不再介入，而新来的猴子却固守着“不许拿香蕉”的制度不变，这是因为猴子之间产生了“道德”。在道德的约束下，他们便认为取香蕉是“不道德”的行为，是应制止的。

从这个故事中，我们能看出来的一点是：道德是一种变相的惩罚机制，它能保证规则的顺利进行。一旦有人违反道德规范，他就会成为众矢之的，成为受谴责的对象。也就是说，我们只有努力成为诚实、正直的人，才能逐渐建立信誉，获得他人的支持。

很多年前，松下电器公司并没有现在的规模，只是一间乡下的小工厂。那时候，作为工厂的领导者，松下幸之助总是亲自出门推销产品。每次在碰到砍价高手时，他总是真诚地说：“我的工厂是家小厂。炎炎夏日，工人们在炽热的铁板上加工制作产品，大家汗流浃背，依旧努力工作，好不容易才制造出了这些产品，依照正常的利润计算方法，应该是每件××元承购。”

听了这样的话，对方总是开怀大笑，说：“很多卖方在讨价还价的时候，总是说出种种不同的理由。但是你说的很不一样，句句都在情理之中。好吧，我就按你开出的价格买下来好了。”

可以说，松下幸之助的成功，就在于他真诚的说话态度、朴素的语言，在他简短、不加修饰的几句话中，展示了工人工作的艰辛、自己创业的艰难，正因为这几句话，唤起了对方切肤之感和深切的同情。正是他的真诚，才换来了对方真诚的合作。

然而，现实生活中，我们也不难发现，似乎总是有一些人不相信这一点，硬要走向另一端，结果既损害了别人，又让自己吃尽苦头，他们认为商业竞争不过就是一场尔虞我诈的游戏；也有一些人认为，与人交往，重在利益，利益达到了，诚信可有可无，他们青睐交际中的欺骗并自鸣得意，殊不知，他们在获得一份利益的时候，同时丧失了一份人格。

因此，我们要吸取教训，信誉第一，才能让你的人生、事业之路走得越来越远。

1858年，在美国有个参议院竞选活动，亚伯拉罕·林肯坚持要发表一次演讲，但这次演讲却对他的竞选有负面作用，他的朋友劝他不要发表。对此，林肯的态度是：“如果命里注定我会因为这次讲话而落选的话，那么就让我伴随着真理落选吧！”他是坦然的，他确实落了选。但是两年之后，他就任了美国总统。

许多年前，一位作家因为投资失误，损失了很大一笔财产而陷入了经济困难中。为此，他决定用以后赚取的每一分钱来还债。3年以后，他已经小有名气，当地的一些媒体采取募捐的方式来帮助他结束这种折磨人的生活，但他拒绝了。他把这些钱退还给了捐助人。后来，他的一本轰动一时的新书的问世，使他偿付了所有剩余的债务。这位作家就是马克·吐温。

这就是道德的力量，它能给人带来很多好处，赢得他人的信任和尊重。

孔子的弟子曾子有句话：“吾日三省吾身：为人谋而不忠乎？与朋友交而不信乎？传不习乎？”作为一个有德行、对社会有责任心的人，在社会交往中恪守诚信，是做人的美德。与朋友交往要诚信。一个做事做人均无信的人，是很难在社会上立足的，因为人们均不齿于那些言而无信的人。正如孔子说：“言而无信，不知其可也。”

以诚相待是现代社会人际交往中最重要的准则，大多数矛盾都能用诚信的办法得到解决。只有真诚待人，才可能赢得良好的声誉，获得他人的信任，将可能发生的矛盾化解在无形之中。因此，如果你还在利益与诚信这二者之间徘徊，你应该克服言而无信的弊端，摆脱利益的干扰，维持一份长久的友谊。

当然，生活中的诱惑太多，我们若想建立信誉，就要做到：

首先，无论做人做事，我们都要问问自己的良知，道德至上。

马丁·路德在被判死刑时，对他的敌人说："去做任何违背良知的事，既谈不上安全稳妥，也谈不上谨慎明智。我坚持自己的立场，上帝会帮助我，我不能做其他的选择。"

另外，名誉感能监督我们的行为。美国伟大的建筑师弗兰克·劳埃德·赖特在美国建筑学院发表演说时说："什么是人的名誉呢？就是要做一个正直的人。"弗兰克·劳埃特·赖特恰恰如此，他不愧为一个忠实于自己做人标准的人。

塔木德启示

利益面前，我们必须克服自身存在的一些劣根性和弱点，不要企图在交际中欺骗他人，更不要耍小聪明，因为诚信是一种品牌！

四、无论赚钱还是做人，都要遵守一定的秩序

犹太民族是个智慧过人的民族，也是多灾多难的民族。犹太民族在历史上遭到反复驱逐和屠杀，但他们似乎就是天然的造币机器。犹太人长期没有国家，却从未因贫穷而落魄，他们生来就是世界的公民，生来就是做全世界人的生意，他们也在全世界建立了一套良性的经商体系和秩序。可以说，遵守一定的商业秩序，也是符合犹太人的契约精神的。

洛克菲勒曾说："管用的是数字，记住我们是在为穷人炼油，他们必须买到便宜的和好的东西。"这句话为很多从事商业活动的人们指点了迷津：真正要赚到财富，就要考虑大众的利益。洛克菲勒被很多商界人士奉为神

话，曾经在美国积聚最大的个人财产，比J.P.摩根、哈里曼、杜邦、卡内基或者19世纪任何其他大财主的财产大得多，他之所以坐拥众人羡慕的财富，与他的经商之道是不无关系的。他曾经在商圈中建立了一套人人敬畏的商业体系——他重视穷人的利益，为穷人服务。

洛克菲勒遇到一位商场劲敌，他企图打破洛克菲勒努力建立起来的商业体系。

洛克菲勒承认，他非常敬佩本森的勇气，但这并不代表他会谦让。

那时候，洛克菲勒刚刚打败了全美最大的铁路公司——宾州铁路公司，并成功制服了全美第四家也是最后一家大型铁路公司——巴尔的摩·俄亥俄铁路公司。就这样，连同他最忠实的盟友——伊利铁路公司和纽约中央铁路公司，全美四大铁路公司全都成为他手中驯服的工具。可以说，此时的洛克菲勒的生意蒸蒸日上，并且，他掌管的标准石油公司的管道正一步步地延伸到油田，这更让洛克菲勒获得了主要铁路干线和油井的绝对控制权。

洛克菲勒在商界的地位是无可争议的，甚至可以说，他决定着很多人的生杀大权，尽管他并没有那么做，本森却故意挑衅。

他要铺设一条从布拉德福德油田到威廉斯波特的输油管道，去拯救那些惟恐被洛克菲勒击垮，而急欲摆脱洛克菲勒束缚的独立石油生产商们。当然，想从中大捞一把的念头更支配着他勇闯禁地。他们动作迅速地在进行着这项工作，当然，洛克菲勒也没有掉以轻心，他留意着他们的一举一动。

看到本森的这些行为，洛克菲勒决定主动出击了。刚开始，他反击的方法并没有起到多少效用：他用高价买下一块沿宾州州界由北向南延伸的狭长土地，企图阻止本森前进的步伐。但本森采取绕行的办法，化解了他打出的重拳，结果他成了无所作为的地主，却让那里的农民一夜暴富。接着他动用了盟友的力量，要求铁路公司绝不能让任何输油管道跨越他们的铁路。本森如法炮制，再次成功突围。最后洛克菲勒想借助政府的力量来阻止本森，但没有成功，只能眼睁睁地看着本森成为英雄。

此时的洛克菲勒更加意识到问题的严重性，但这并没有动摇他打败对手的信心。他明白，那条长达110英里的管道是他最大的威胁。如果任原油在那里毫无阻碍的流淌，流到纽约，那么本森他们就将取代他成为纽约炼油业的

新主人，同时将使他失去对布拉德福德油田的控制。这是他不能接受的。

洛克菲勒并不是赶尽杀绝的人，他的目的很简单：用不太高的价格，得到他想要的东西，然后重新建立商界秩序。所以，当那条巨蛇即将开始涌动的时候，他向本森提议，想买他们的股票。但很不幸，他们拒绝了。

本森的态度激怒了很多人，主管公司管道运输业务的奥戴先生要用武力毁了它，以惩罚那些不知好歹的家伙。洛克菲勒当然反对这种做法，在他看来，这是无耻的勾当。他厌恶这种邪恶而下作的想法，认为只有无能的人才会干这类令人不齿的勾当，他告诉奥戴：断掉你那个愚蠢的想法！我从来没有想到会输，即使输了，唯一该做的就是光明磊落地去输。

当然，最后洛克菲勒采取了一条让本森难以招架的措施——向石油生产线上下订单，让本森没有储油罐可用，本森输了，输得心服口服。

的确，洛克菲勒一直坚持一个观点：无论做人还是做生意，都要遵守一定的秩序，遵守秩序，会保证我们在正确的轨道上行进。洛克菲勒被誉为商界之神，就是因为他不仅遵守而且维护商界秩序，以保证穷苦人民的利益，绝不允许任何人破坏。他曾说：“我赚的每一分钱都是光明正大的。”

在商业活动中，无论你现在处于什么样的地位，你拥有多少财富，始终都要记住，代表大部分，为大部分劳苦大众谋福利，你最终也会得到他们的支持，何愁还没有钱可赚？

塔木德启示

得人心者得天下。保证绝大多数人的利益，他们就会为你投一票，你的信誉度会有大大的提高，而你的钱包也会因此鼓起来！

第9章

在谈判中获胜，在讨价还价中获取最大利润

随着社会法制的建立与健全，谈判作为一种沟通思想、缓解矛盾、维持和创造社会平衡的手段，越来越普遍，作用越来越大。无论是国家大事、外交事务，还是一般的商务活动，都免不了谈判。对于犹太商人来说，最为主要的是商务通谈判。他们不主张贸然行动，他们会通过各种方法掌握对手的信息和资料，以此来提升谈判成功的机会。的确，谁先掌握主动权，谁就拿到了胜利的砝码。而如何获得这一先机，需要我们掌握一定的技巧和策略，进而让谈判进程朝着有利于自己的方向发展！

一、谈判前先做好充分准备

犹太人在经商的过程中，经常遇到要谈判的情况，为此，他们十分注重谈判技巧，使他们生意的成功率非常高。犹太人在谈判中，从来不贸然行动，他们通常都是在了解了对方的情况后才采取行动。有这样一句犹太格言："与其迷一次路，不如问十次路。"。

犹太人认识到，谈判是一场没有硝烟的战争，每句话都能影响到谈判结果。所以，他们在任何商业谈判之前都会做足准备，会进行大量的资料收集工作，甚至连对方的身世、背景、喜好等都进行了解，这样，在谈判中不管遇到什么问题，他们都能从容面对了。

的确，在这个商业化的信息时代，我们时时刻刻都面临着形形色色的谈判。古人云："天外有天，山外有山。"在现代的交涉和谈判中，强中自有强中手。谈判打的就是一场心理战。等到真正谈判开始，就进入心理角力战。任何一个谈判者都不愿充当傻瓜，双方谈判的出发点是在绝对不损害他人利益的基础上，取得自己的利益。因此，对手往往会隐瞒自己的真实意图和需求以便占据有利的谈判地位。而我们若要顺利达到自己的目标，就要做足准备。只有这样，在谈判桌上，我们才能底气十足地说话，才能在谈判过程中有的放矢。

我们从下例即印度画商与美国画商的较量中，可以得到很好的启示：

这天，在一间比利时的画廊里，发生了这样一件事，引来很多人观看：

买卖双方分别来自美国和印度，印度商人对于自己的其他画都开价在10美元左右，唯独对美国人看上的几幅画要价在250美元，这让该美国人感到很苦恼。于是，他决定还价看看。

谁知道，就在美国人提到画太贵了时，印度商人突然来了气，将自己的一幅画当场烧掉了。这让美国人很心疼。于是，他好言相劝，希望接下来的几幅画能便宜些，但他哪里料到，印度人居然又烧掉了一副。

最终，这个爱画如命的美国人再也沉不住气了，只好乞求画商不要烧掉这最后的一幅画，愿意将它买下来。

印度商人为什么会烧掉自己的画？难道他不觉得可惜？其实，他所做的这些，都是有备而来的，他早已看出了这个美国人爱画如命的心理弱点。最终这个美国人还是乖乖地付了原来的价钱买下了画。

可以说，现实生活中的博弈，就是一场斗智斗勇的过程。知己知彼，谁掌握了对方更多的弱点，就越容易找到谈判的突破口。

现实生活中，我们在谈判过程中，也可以采用这一方法。因为即使再强大的人，也有其弱点。

我们要想战胜对手，就要先做好准备工作。只有找到对方的软肋，然后挖掘自己的强项，才能以强制弱，胜利的概率才能大得多。那么，具体来说，我们该如何做呢？

第一，先收集资料，资料收集得越详细越好；

第二，仔细研究资料，找到对方的弱点和长处；

第三，掌握好时间，尽量在对手毫无察觉的情况下迅速出手，给对方一个措手不及。

总之，要记住，我们生活的任何一个环境中，都是存在竞争的。要想打败别人，必须要多动脑筋，善于抓住他人的软肋，这才是制胜的良方。

培木德启示

谈判是与人的较量，我们要运用稳妥而谨慎的谈判策略。在过招前，应该先做足准备工作，多了解对方，了解其弱点，那么，对方一定会被你击败。

二、不要带着任何情绪进入谈判

在很多领域，人们都需要通过谈判来解决问题。因此，如何成功说服谈判对手成为我们很多人考虑的事。但成功的谈判并不是一件易事，首先要求我们在谈判中做到冷静处理、言谈谨慎，不要带着任何情绪进入谈判。因为说错任何一句话，都可能带来巨大的损失。

犹太商人认为，在谈生意的过程中，对商人来说，没有什么比陷入突如其来的怒气中更能造成灾难的了。而加强自我情绪管理，能带来平静和财富。犹太圣典《塔木德》上说："纯洁简朴的生活、良好的道德和快乐的天性，要胜过医生或药品所能为我们提供的一切。"美国亿万富翁、工业家卡耐基说过："一个对自己的内心有完全支配能力的人，对他自己有权获得的任何其他东西也会有支配能力。"

所以，每个犹太人都注重培养自己的好脾气。任何谈判实质上都是打的心理战，谁主动暴露自己，谁就先偃旗息鼓而败退；要想克敌制胜，就必须让对方摸不清虚实。但很多时候，对方会采取一些扰乱你情绪或者试探你"底牌"的方法。此时，你一定要小心谨慎，泰山崩于前而面不改色。在无法了解你真实意向的情况下，他们往往不会轻举妄动；否则，你就被对方"算计"了。

曾经有一名政党的领袖正在指导一位准备参加参议员竞选的候选人，教他如何去获得多数人的选票。这位领袖和那人约定："如果你违反我教给你的规则，你得接受被罚款10块。"

"行，没问题。什么时候开始？"那人答应。

"现在就开始。我教给你的第一条规则是：无论别人怎么损你、骂你、指责你、批评你，你都不许发怒；无论人家说你什么坏话，你都得忍受。"

"这个容易，人家批评我，说我坏话，正好给我敲个警钟，我不会记在心上。"

"好的，我希望你能记住这个戒条，这是我教给你的规则当中最重要的一条。不过，像你这种呆头呆脑的人，不知道什么时候能记住。"

“什么！你居然说我……”那个候选人气急败坏。

“拿来，10块钱！”

“哎呀，我刚才破坏你教给我的戒条了吗？”

“当然，这条规则最重要，其余的规则也差不多。”

“你这个骗子……”

“对不起，又是10块钱。”领袖摊开双手道。

“赚这20块也太容易了。”

“就是啊，你赶快拿出来，这是你自己答应的。如果你不拿出来，我就让你臭名远扬。”

“你这只狡猾的狐狸！”

“对不起，再拿10块钱。”

“呀，又是一次，好了，我以后再也不发脾气了！”

“算了吧，我并不是真的要你的钱，你出身贫寒，你父亲的声誉也坏透了！”

“你居然敢侮辱我的父亲！你这个恶棍！”

“看到了吧，又是10块钱，这回可不让你抵赖了。”

这一次，那位候选人心服口服了。那位领袖郑重地对他说：“现在你总该知道了吧，克制自己的愤怒并不容易。你要随时留心，时时在意。10块钱倒是小事，要是你每发一次脾气就丢掉一张选票，那损失可就大了。”那位候选人彻底服了。

生活中，有些人就像故事中的这位候选人一样，控制不住自己，特别是在不顺心的时候容易发怒。实际上，胡乱发脾气根本解决不了任何问题，反而会把事情弄得更糟。

可以说，我们要想成功谈判、做成生意，就必须控制好自己的情绪。在谈判中，随时可能会遇到让我们气愤、伤心甚至无奈的事。但无论如何，我们都不能说出肆无忌惮的话，因为随心所欲地说话本身就是谈判的大忌。

那么，我们该怎样做到控制好自己的情绪呢？

1.加强自身修养

一个具备良好修养的人，一般是不会轻易动怒或者生气的。所以，为了使谈判成功的概率更高，就要加强自身的修养，宽容大度，具备耐心，能克制自己的情绪，不管发生什么样的事情，都绝对不说那些肆无忌惮的话。

2.始终冷静地说话，别让情绪出卖你

很多时候，我们与谈判对手的较量，就是心理的较量，谁先缴械投降，谁就输了。任何人都是有情绪的，但你千万不能因为自己的情绪而暴露自己，让对手有机可乘。

比如，谈判中，当对方提出的某些条件让你觉得不可思议，甚至触犯了你的底线时，你可能会愤怒。但此时，你要明白，在涉及利益的谈判中，愤怒只会泄露你的内心情况，为此，要铭记，始终冷静说话，不要让情绪出卖你。

3.不要反驳对方

以销售中的谈判为例，假如客户所说的某些话是错误或不真实的，销售员绝不能直接反驳，那会让客户很没面子，甚至与你大动肝火；如果客户所说的话是无关紧要的，销售员就可以不置可否，继续谈话；如果客户对于你的产品或服务有误解，你就应该采取先肯定后否定的谈话方式，如“您说的没错，但……”，也就是先同意对方的观点，然后再以一种合作的态度来阐明自己的观点。

4.说话保持客观公正的态度

一般来说，我们若想谈判成功，就必须要探知对手的内心世界，从而攻破对方的心理堡垒。但无论使用什么方法，一定不要让他知道你的企图。为此，在说话时，你要保持公正客观的态度。如果你说话时带有某些情绪色彩，就很容易被对方识破。因为一般来说，你探知对方的企图越明显，他越会觉得你“图谋不轨”，你要刻意影响他；相反，如果你无意中说一句话，假装不在意地提问，他反而会没有心理阻抗。他也不会认真地琢磨你说的话，因为他觉得你没有操纵他的意图。如果他的想法被你猜中，那么，他将会“中招”，将真实意图脱口说出。

5.注意遣词用句

谈判中，我们在遣词用句上要特别留意。说话时态度要诚恳，绝不对人，切勿伤害了对方的自尊心。

塔木德启示

作为商人，在谈判中一定要谨记：无论如何，我们随时要保持良好的谈判态度，面对谈判的种种状况，要拿出耐心和诚意，心平气和地与对方沟通，才能让谈判变得顺利。

三、沉默应对，以静制动

老子所著的《道德经》中有这句话："虚而不屈，动而愈出。"这句话告诫人们要学会"抱朴守静"，以观其动。只有把激烈的情绪平息下去，以一种清静、冷静的心态，敏锐地观察事物的运动变化，才能抓住突破口，迅速出击，克敌制胜。这句话同样适用于商业活动中的谈判。

犹太圣典《塔木德》中有这样一句话："在某些时候，沉默比什么话术都有效。沉默就是力量。滔滔不绝、口若悬河并不是谈判的全部；以变应变，立足现实，以异乎寻常的方法反其道而行，往往会成为商场上的最大赢家。"事实上，很多谈判者的最大弱点是不能耐心地听对方发言，他们认为自己的任务就是谈自己的情况，说自己想说的话和反驳对方的反对意见。在谈判中，他们总在心里想下面该说的话，不注意听对方发言，许多宝贵信息就这样失去了。

可见，在重大的谈判当中，一定要言谈谨慎。如果缺少了冷静，就会被凝重的气氛和压力击垮，也就不可能赢得谈判。所以说，冷静是应对谈判的上策。为了达到这一目的，在谈判中，我们就必须具备健康稳定的心理，并且善于察言观色，以了解对方的心理。

美国大发明家爱迪生也是犹太人，他曾经做过一笔生意：

当时，爱迪生已经是一位小有名气的发明家了。当他发明了自动发报机之后，为了能获得一笔建造新的实验室的经费，他准备出售这项发明以及技术。但一个把大部分时间花在实验上的发明家哪里知道当时的市场行情，他根本不知道这项发明能卖到多少钱。于是，他叫来自己的妻子米娜，准备与

其商量一下。而米娜也不知道这项技术究竟能值多少钱，她一咬牙说："要2万美元吧，你想想看，一个实验室建造下来，至少要2万美元。"

爱迪生笑着说："2万美元，太多了吧？"

米娜见爱迪生一副犹豫不决的样子，说："我看能行，要不然，你卖时先套套商人的口气，让他先开价，然后你再说价。"

纽约的一位商人听说爱迪生要卖自己的这项发明后，很高兴，很快便与爱迪生取得了联系。谈判开始后，这位商人很快进入主题，问及发明的价钱。因为爱迪生一直认为要2万美元太高了，不好意思开口，只好沉默不语。

接下来，商人几次追问，爱迪生始终不好意思说出口，正好他的爱人米娜上班没有回来，爱迪生甚至想等米娜回来以后再说价钱。

最后商人终于耐不住了，说："那我先开个价吧，10万美元，怎么样？"

爱迪生一听很震惊，甚至大喜过望，不假思索地当场就和商人拍板成交。后来，爱迪生对她妻子米娜开玩笑说，没想到晚说了一会儿就赚了8万美元。

案例中，爱迪生之所以能得到比预期多出的8万美元，就是因为他保持了沉默，起到了以静制动的效果。俗话说：沉默是金。我们在谈判时也需要沉默，这样，以静制动，才会取得更多的利益。

刘先生经营一家工厂，最近，他的生意做得不错。在为自己购置了新的房产的同时，他还准备买一台新车。但是他必须把自己那部旧的老爷车处理掉。他在心中打定主意，在出售这部旧车的时候，卖价一定不能低于3万元。之后，有一个买主前来看车，在双方谈判交易金额时，对方对这部旧车的各种问题，滔滔不绝地讲了很多，但是刘先生始终一言不发，任凭买家不停地发言。

结果到了最后，买主终于停止了批评，并且突然说了一句话："这部旧车我最多只能出价5万元，再多的话，我就不要了。"于是，刘先生很幸运地多赚了整整2万元。

案例中，刘先生为什么能幸运地多赚取整整2万元？人们常说："沉默是金"，谈判中，他保持沉默，始终一言不发，那么，无论买家怎么贬低这部旧车，也摸不着他的底细。可以说，他的冷静起到了决定性作用。

当然，保持沉默也要有度。谈判中一语不发的人怎么可能达成交易？和对手比耐心固然没错，但一旦对方做出一些合理的让步，比如："好吧，我再让步5%，这是最后的让步，如果你不同意，那么现在就终止谈判。”我们就要识时务，做出回应。如果你继续沉默，那么，很可能会让对方认为你已经无意于这笔交易。

一位姓张的老板，办了一家大型的工厂。因为经营不善，不到一年的时间，生意就很冷清了。

很快，老板的工厂办不下去了，员工的工资也发不下来了。于是，老板想改行做其他生意。首先，必须卖出以前工厂的器材。其实，张老板还是想卖个好价钱的，毕竟，器材都还是很新的，但是他需要继续给员工发工资，心想：“能卖多少算多少吧，这钱要尽快到手。能卖到4万元最好了，如果别人压价压得狠，3万元我也咬牙卖了。”

终于来了一位买主，这位买主想尽量压低价格。于是，他在看完机器后，挑三拣四地说了一大通，几乎没有停过。张老板知道这是压价的前奏，于是耐着性子听完对方滔滔不绝的埋怨。

买主终于转入正题：“说实在话，我不想买，但要是你的价格合理，我可以考虑一下，你说个最低价吧。”

张老板静静地思考着：“忍痛卖还是不卖呢？”就在他沉默那几秒钟时，他听到了一句话：“不管你想着怎么提价，首先要说明的是，我最多给你6万元，这是我出的最高价。”

结果可想而知，因为沉默了这几秒钟，张老板就多赚了3万元。

并不是什么时候，巧舌如簧都收到最佳效果。谈判打的就是一场心理战，在你没弄清对方的意图前不要轻易地表态。因为沉默不仅能够迫使对方让步，还能最大限度地掩饰自己的底牌。一般来说，作为买卖双方，在内心都有自己理想的成交方式。即使对于同一个问题，一般也总会有两种解决方案：你的方案和对方的方案。你的方案是已知的，如果你不清楚对方的方案，务必要设法了解到对方的方案再做出进一步的行动。

拾木德启示

谈判过程中，我们不要误以为滔滔不绝才能显示我们的语言水平。适时地沉默，引而不发，可以以一种特殊的心理状态，攻破对手的心理防线，从而成功地达到谈判目的。

四、谈判前多准备几套方案

犹太人在经商上的智慧是显而易见的。在谈判中，他们从不打无准备之战，而且他们还会充分掌握了解对手的情报，这样在谈判的时候就不会被对方牵着鼻子走。另外，犹太商人认为，谈判之前，如果不多准备一份方案，在谈判的时候就会手忙脚乱，将自己的不足和缺点轻易暴露在对手的视野中。

同样，我们对于谈判前的准备工作，也一定要思虑周全，毕竟不是同一套方法都适合所有人。另外，如今是信息社会，此刻对方可能已经应允与你接洽，但10分钟以后他可能因为某些信息取消活动。因此，聪明的人在设计预案的时候，都会多一手准备，这样，就会多一份把握。

有一批外国客商要在中国内地购买一批棉布。A纺织公司通过熟人，很快就得到了这一消息。因此，他们准备先请这些客商吃饭，搞定这批生意。但就在饭桌上，A公司代表发现，与这些外商联系的，同时有好几家公司，在价格上，他们公司并没有优势，这就是为什么这些外商迟迟不肯成交的原因。

此时，A公司的谈判人员有点不知所措。他们给公司总经理打电话，终于解决了这一问题。原来，公司总经理早就料到了同行竞争的存在，于是，多准备了一份谈判预案。A公司经过调查发现，这些外商虽说要购买棉布，但这批棉布是用于医疗卫生方面的。而符合这一标准的，只有A公司的产品。也就是说，这些外商并不知道这一“内幕”。在后来的谈判中，A公司的谈判代表就使出了这最后的杀手锏，为这些外商提供了一份预案。在这份预案中，他们故意“透露”了这一情况。最终，令很多同行不解的是，为什么这些外商会选择价格比其他任何公司都高的A公司。

任何一位客户，为了能购买到质优价廉的产品，都会货比三家，这就导致了销售方之间的竞争。如何才能在这些竞争中始终立于不败之地？其实很简单，那就是比别人多准备一份预案，这样，才能以不变应万变。案例中的A公司之所以能卖出自己“贵”的产品，就在于他们掌握了购买方对产品最重要的要求。而这，成了他们打败众多对手的杀手锏。

在现实生活中，我们似乎总是羡慕那些应变能力强的人，似乎他们总是能在销售中抓住主动。我们先来看下面一个故事：

业务员小李是一名企业培训课程推销员。一直以来，他的业绩都很好，这是因为他很机灵，总是能把话说到客户心坎上。

这天，他又来到一家公司推销。

小李："董事长啊，您是不是正因为职员缺乏干劲而困扰呢？"

董事长："就是说啊，最近无论是职员还是管理干部都很放松，害我没办法处理其他工作呢。"

小李："（点头）果然是这样。刚好我手边有一项研习活动，可以提高管理干部的干劲，您要不要听听看呢？"

董事长："是吗？这倒很有意思。"

接下来，不到3分钟的工夫，小李成功推销了这项活动。

可能你会猜想，万一小李没猜中呢？其实，没猜中的话，他也有一套自己的应对策略，

小李："刘总，您现在最困扰的是不是员工缺乏积极性的问题呢？"

刘总："我现在真是顾不上他们的积极性问题了，现在是人都不够。"

小李："（点头）原来真的是这样啊，看来我没将我的想法表达清楚。贵公司的员工其实一直都是比较努力的，但如果人手不够，他们花在工作上的时间和精力太多，时间长了，大家也会泄气的。现在，我们公司正好有个人才招聘项目是针对您这种情况的，让我简单为您说明一下吧？"

以上案例中，业务员小李就是个聪明的人，似乎他怎样表达都能命中对方心思。这不但因为他有着出色的应变能力，更因为他事先做足了工作，针对可能出现的情况进行了方案备份，这样，他随时都能抓住对方说话的契机，顺着他的意思往下说。如果猜中了，对话就可以继续下去；即使没猜中，也可以立即转变谈话的方向。

其实，这一策略不仅可以运用于销售活动，还可以应用到生活中和与各类人交往的活动中，尤其是商业谈判。它的好处在于帮助我们探究他人的内心世界，进而融入他人的潜意识，最终实现我们的谈判目的。

当然，要想真正达到谈判目的，这必须掌握几点小技巧：

1.事先了解，不打无准备之战

事先多了解情况，能帮助我们顺利做好接下来的沟通工作。拿销售工作来说，并不是让客户看了我们的方案就能将产品或者服务卖出去，我们还需要解决更多的问题。让客户从头到尾都满意，销售工作才能有效果。

2.多备几套方案

以故事中的情况为例，如果我们没猜中客户的苦恼，那么，就要揣测好会出现另外一种什么情况。然后，针对这种情况，你需要提供新的方案。如果客户存在的问题你并不能解决，那么，你们的沟通就是无效的。这一点，还是要回归到第一点：对客户乃至我们的交往对象多做了解，才能解决好问题。

3.预测各种方案的说服结果

如果你制订了3份预案，那么，你就要对这3份预案的结果进行预测，这样做的好处在于减少失误。因为很多时候，即使你准备了多套方案，在具体执行的过程中，也会因为各种因素而出现我们无法驾驭的意外情况。

4.尽量完善你的方案

没有谁能保证交往的绝对顺利，你的方案越是完备，胜算的把握就会多一分。例如，在考虑具体的交谈场景时，你不仅需要知道对方更喜欢什么样的场所。还要知道对方喜欢什么口味的酒水、饮料和点心等。这都是一些细节性问题，当然，要了解这些，你就要做足工作。

5.别忽视自己

在整个预案的准备过程中，也需要考虑我们自身的情况。你需要让对方知道的是，你能为对方做什么、带来什么利益，你该怎样才能给对方留下好印象，谈吐举止上需要注意些什么，对方更喜欢与什么性格的人交往……

6.反应敏捷，以最快的速度回答对方

你回答的速度越是敏捷，越是显示出你对于对方真的了解，越是能迅速把你带到对方希望呈现的语言环境中。

塔木德启示

谈判中，要达到我们的目的，并非易事。除了要了解对手的信息外，还需要多做几手准备，要综合考虑、观察各方面的因素，方能减少失误，实现预期的目标。

五、让步是非常有效的谈判策略

前面，我们已经提及，犹太商人有着过人的经商智慧。犹太商人认为经商不但要有领先占领市场的野心，也要有退而求其次的战术，这一点，他们经常运用到商业活动中的谈判问题上。

犹太商人认为，谈判中，不要画地为牢，误以为这是谈判，就非得谈不可。其实，离开谈判桌，并不是你不想做成这笔交易，有时候，这反倒是成交的有效手段。

我们都知道，从利益的角度看，双方都希望获得一种公平公正的协议方式。但事实上，在谈判桌上，面对一些棘手的利益冲突问题，双方常常会就某个问题争执不下，不肯妥协。例如，在国际贸易中的交货期长短问题、最终的价格条款的谈判问题等，此时，作为一方利益的代表者，如果你死守自己的立场，不肯退步的话，那么，你迎来的不是谈判的失败就是僵局。

一般来说，参与谈判的人都身兼重任。因此，很多时候，他们不太敢用退出来要挟对方，生怕谈崩了弄得鸡飞蛋打。而谈判老手都会“不择手段”地揣摸对方的真实意图，摸清了底牌，就掌握了谈判的主动权，这时再以什么方式取胜，便是技术问题了。暂时离开谈判桌，也就是说，以退要挟，达到进的目的，就是常用的一种。

巴拿马运河最初并不是美国开凿的。19世纪末，法国有一家公司跟哥伦比亚签订了合同——在巴拿马境内开一条通往大西洋与太平洋的运河。主持该工程的总工程师是因开凿苏伊士运河而闻名世界的法国人雷赛布，他自以为对此驾轻就熟。然而巴拿马的环境与苏伊士有很大的差异，工程进度十分缓慢，资金也开始短缺，公司陷入了窘境。

美国早在1880年就想开凿一条连贯两大洋的运河，由于法国抢先一步与哥伦比亚签订了条约，美国极其懊悔。在这种情形下，法国公司的代理人布里略访问了美国，以1亿美元的价码向美国政府兜售巴拿马运河公司。事实上，美国早已对此垂涎三尺，知道法国拟出售公司更是欣喜若狂。然而，美国却故作姿态，罗斯福指使美国海峡运河委员会提出报告，证明在尼加拉瓜开运河更省钱——在尼加拉瓜开凿运河费用不到2亿美元，在巴拿马运河的费用虽然只有1亿美元，但加上另外要支付收购法国公司的费用后，全部支出达2.5亿多美元。从支出费用上来看，当然是在尼加拉瓜开凿运河更划算。

布里略看到美国海峡运河委员会提供的这一报告后大吃一惊。如果美国在尼加拉瓜开凿运河，法国岂不是一分钱也收不回来了吗？于是他马上游说美国，表明法国公司愿意削价出售，只要4000万美元就行了。通过这种欲进先退的方法，美国就少花了6000万美元。

罗斯福又故伎重施，他指使国会通过一个法案，规定美国如果能在适当时期与哥伦比亚政府达成协议，就选择巴拿马；否则，美国就选择尼加拉瓜开凿运河。

这样一来，哥伦比亚也坐不住了，驻华盛顿大使马上找美国国务卿海约翰协商，签订了一项条约，同意以100万美元的价码长期租给美国运河两岸各宽3公里的“运河区”，美国需每年另付租金10万美元。

罗斯福成功地运用以退为进这一谋略，轻而易举地就截取了巴拿马运河的开凿和使用权。可见，离开谈判桌，交易筹码通常只多不少。谈判中，我们不要画地为牢，误以为因为这是谈判，就非得谈不可。其实，离开谈判桌，并不是你不想做成这笔交易，有时候，这反倒是成交的有效手段。

小杨是一家电子公司的销售经理。几天前，他曾代表公司和另外一家公司的采购部主任进行过洽谈，客户对他们公司的商品很感兴趣。这天，他第二次拜访这位客户，想敲定这趟生意。在经过一番寒暄之后，双方谈到了价格问题：

销售方：“您觉得还有什么问题吗？”

客户：“你们的产品质量的确不错，不过我还是觉得贵了点。如果能再优惠一些我会考虑的。”

销售方：“这样，每件电子配件我们再降10元。这个价格已经很低了，不能再降了。”

客户：“这个价格也不低啊，能再降一些吗？”

销售方：“这样，我们电子配件单价的降价范围是不能超过20元的。说实话，对于那些合作多年的老客户，我们也始终没有超过这个范围。如果您真的想要我们公司的产品，我就给您个特惠价，每件电子配件我们给您降20元，就全当您是我们的老客户了。您看怎么样？”

客户：“哦，那好。就这样吧。”

在交易过程中，无疑会碰到讨价还价的事，让步也不足为奇，适当地让步有助于缓和紧张的销售氛围。可以说，案例中的销售经理小杨让步的策略就是正确的，寥寥数语中，他便表明了让步的立场，让客户明白他做出的让步已经是情理之外了。这样，即使客户还想讨价还价，也不好提出了。

谈判过程中，只要我们能掌握对方的底牌，懂得退一步的话，那么，必能置之死地而后生，获得更大的进步。但在使用这一策略的时候，我们需要注意以下几条法则：

法则一：一定要充分利用各种手段进行造势，在外部环境中给对方构成压力和动力。

法则二：处在被动状态时，一定要想办法给自己一个调整的时间和空间。

当谈判处于僵局就需要一个退步。你可以先告诉对方，由于该项目比较重要，拍板权并不在你的手里，你做不了主。多数时候僵局不是因为根本性的原则问题，而是面子问题。你一软下来，给了对方面子，对方也就软下来，再一起吃饭聊聊天，气氛一缓和，往往也差不多了。

法则三：不能急于求成。

对于今天不谈下来明天就属于其他人的“项目”，谈之前一定要清楚自己的底线，在范围内妥协让步，如果超出了底线，干净利落放弃，不要纠缠；而如果“项目”是你眼中的璞玉、别人眼中的石头，就可以慢慢谈，计算得失优劣。

培木德启示

在利益冲突不能采取其他的方式协调时，聪明恰当的运用让步策略是非常有效的。但无论如何，不能顺着对方思路走，一定要有自己的主线，让对方跟着你的思维。

第10章

学习犹太人的生存哲学

犹太人在长期的漂泊生涯中，练就了坚韧不拔的精神。犹太人是典型的现实主义者，他们信奉“以利驱人”的原则。他们认为，利益是取舍一切的标准，他们拼命地赚钱，因为这样才有安全感。善用金钱达成自己的商业目的，但这并不表明犹太人是十足的功利主义者，这是他们的生存哲学，是能够生存下来的经验。实践证明，对于任何人来说，心存现实主义，都是实力不佳时自我保护的有效策略，是应当为我们所学习的。

一、学习犹太人忍耐制胜的法则

石油大王洛克菲勒曾说过这样一句话："忍耐并非忍气吞声，也决非卑躬屈膝。忍耐是一种策略，同时也是一种性格磨练，它所孕育出的是好胜之心。"这句话道出了犹太人全部的忍耐哲学。犹太人认为，在某种场景下，看似委曲求全，实则是对整个局面运筹帷幄，这才是大智者。的确，大凡做出一些成就的人，必定会经受一些磨难，吃尽苦头，然后才能等到出头之日，一鸣惊人。

洛克菲勒是个崇尚平等的人。他不喜欢他的合伙人克拉克居高临下、发号施令。在遇到一些需要商量的问题时，克拉克总是摆出一副趾高气昂的架势，从不把洛克菲勒放在眼里。在他看来，洛克菲勒似乎并不是自己的合伙人，而是一个打杂的小职员。他甚至贬低洛克菲勒除了管钱和记账外一无所能。这是公然的挑衅，但洛克菲勒知道容忍的重要性。于是，他装作充耳不闻，我知道自己尊重自己比什么都重要。但是，那个时候，洛克菲勒就在告诉自己：超过他，你的强大是对他最好的羞辱，是打在他脸上最响的耳光。

当然，最后，洛克菲勒做到了，他也终止了和克拉克的合作。

洛克菲勒为什么能做到羞辱面前容忍让步呢？因为他考量了当前的形势：对克拉克大发雷霆不仅有失体面，更重要的是，它会给合作制造裂痕，甚至让对方把实力尚且弱小的自己一脚踢出去；而团结则可以形成合力，让双方的事业越做越大，他个人力量和利益也必将随之壮大。

生活中的人们，也要记住洛克菲勒的忠告：在任何时候冲动都是我们最大的敌人。如果忍耐能化解不该发生的冲突，这样的忍耐永远是值得的。

相传，勾践战败后，接受了大臣文种的建议，收买了吴国太宰伯丕向夫差称臣纳贡求降，越王和王后到吴国给夫差为奴做妾。夫差答应了，却在吴国对勾践夫妻极尽羞辱。勾践在夫差面前一幅感恩戴德五体投地的奴才相，嘴里还感激夫差不计前嫌以德报怨，宽宏仁慈。勾践在夫差面前表现得十分恭敬，称自己为贱臣，小心翼翼，百依百顺。夫差要上马，勾践就跪下来让夫差踏在自己的背上。夫差生病了，勾践在夫差面前寝食难安，问病尝粪，嘴里一边吃着夫差的大便，还一边表露自己的忠诚之志："恭喜大王，大王的病就快好了。"

就这样，勾践以自己的忠诚打动了夫差，终于夫差下令让勾践回到越国。勾践回到越国之后，立志要报仇雪恨，他唯恐眼前的安逸消磨了自己的志气，于是在吃饭的地方挂上一个苦胆，每逢吃饭的时候，就先尝尝苦味，并问自己："你忘了会稽的耻辱了吗？"他还把席子撤去，用柴草当作褥子，这就是后人一直传诵的"卧薪尝胆"。

在吴王夫差面前，勾践简直跟奴才差不多，甚至比奴才更卑贱。不仅受到了夫差的百般侮辱，而且嘴里还感激夫差不计前嫌以德报怨，并自称"贱臣"。这样的姿态，比委曲求全更甚，自己所受的侮辱和苦难都不是普通人所能及的，但勾践都一一忍耐了过来。其实，他早就有了复国大计，之所以在夫差面前百般受辱，那是为了赢得夫差的信任，这样自己就可以早日回到越国去实施复国大计。那看似的委曲求全，实则是一个计谋，勾践早已经将整个计划运筹帷幄于鼓掌之间。于是，这才有了后面"勾践灭吴"的故事。

塔木德启示

任何一个人在追寻目标的过程中，都将注定经历不同的苦难、荆棘。那些被困难、挫折击倒的人，必须忍受生活的平庸；而那些战胜苦难、挫折的人，他们能够突出重围，赢得成功。对于生活中的我们来说，需要明确自己的目标，并且朝着目标前进。在追寻目标的过程中，学会忍耐，因为忍耐是对胜利的一种执着。

二、记住以利驱人的原则

随着社会的进步，人们越来越意识到人际关系的重要性，因此，就有了社交。但是，又是什么能带动双方交往呢？答案很简单，是利益。为此，犹太商人提出“以利驱人”的原则。在犹太商人看来，商业活动中，没有永恒的朋友和敌人，只有永恒的利益。抓住这一原则，人际交往中，无论你想达到什么目的，都有迹可循了。

以商业交涉活动为例，双方都会竭尽全力维护自己的利益。通常的交涉关键点也最容易将谈判的焦点集中在价格上。例如，作为卖方，必当想方设法抬高产品的价值，提高报价；而买主也不会示弱，他们总是能挑出产品的不足，还会不断地压价。双方势必都会找出无数的理由来支持自己的报价，最终的结果不是陷入僵局，就是一方不得不做出让步，或双方经过漫长的多个回合，各自都进行了让步，从而达成一个中间价。这是最为常见的一种结果。

但是，如果在商业活动中，大家都遵循同样的交涉原则与技巧，往往会使彼此间的交谈陷入一种误区，这种传统的坚持立场而非利益的交涉方式常常会导致双方不欢而散，以至破坏了双方今后的进一步合作机会。此时，我们应该抓住对方的心理，从对方所渴求的利益说起，或许会取得截然不同的效果。

1972年，美丽的冰岛首都雷克雅未克举行了当时的国际象棋世界冠军挑战赛。

在这一年之前，这一比赛的冠军宝座一直被苏联蝉联。而这场比赛中，来自美国的象棋选手鲍比·菲舍尔却显露了自己特殊的才能，他过五关斩六将，赢得了向卫冕冠军前苏联选手鲍里斯·斯帕斯基挑战的机会。这是24年来第一次由两个不同国籍的棋手争夺世界冠军，该比赛甚至被称为“世纪之战”。

最终，不负众望，鲍比·菲舍尔赢了，成绩是125：85，他成为国际象棋史上第11位世界冠军。

这个特殊的时刻被世人记录下来了，而作为这场比赛的举办国——冰岛，也因此成为全世界关注的对象，并在一夜之间被人们熟识。

然而，在1992年，鲍比·菲舍尔因违反美国政府禁令、进入正被美国实施制裁的南斯拉夫境内参加比赛而被美国通缉。无奈之下，菲舍尔向世界其他国家发出求救。

此时，冰岛站出来同意了鲍比·菲舍尔的请求。对于冰岛同意鲍比·菲舍尔加入该国国籍，冰岛媒体这样评价："是鲍比·菲舍尔让冰岛在世界地图上占有一席之地。"英国媒体也认为："冰岛人民为了表达感激之情，用提供庇护的方式来报答鲍比·菲舍尔先生。"

冰岛之所以同意鲍比·菲舍尔加入冰岛国籍，并对其进行庇护，正是互惠原则的体现。一场因为鲍比·菲舍尔获得冠军的世界象棋挑战赛，让世界人们熟识了冰岛这个国家，从而使之在世界地图上占有一席之地。为了回报鲍比·菲舍尔给冰岛乃至冰岛人民带来的荣誉，他们主动站出来，解了鲍比·菲舍尔的困局。

我们再看看下面一段谈判对话：

客户："我还是觉得W公司的产品比较好，更符合我们的要求，而且，他们明显比你们的设备便宜。"

销售方："不错，我们承认，他们的产品价格要低一些，而且，他们的设备也不错。但实际上，还是我们的产品更适合贵公司的生产情况，可能您会问为什么。首先，每年贵公司的维修费都是一笔巨大的开支，产品的使用寿命是贵公司需要考虑的关键问题，加上贵公司的生产方式需要一种高性能、高效率的设备，而且需要考虑设备长久的资源利用率，我们公司的产品刚好可以与贵公司的旧设备共同作业。您觉得呢？"

客户："可是，我还是觉得他们的性价比高一些。"

销售方："他们的质量确实不错，这是一份产品的故障调查报告。我们的设备故障率只有1.2%，不知道对方有没有这样一份故障调查报告。据我所知，他们的故障率一直都是在5%左右。这样算下来，贵厂将会为此多付出几万元。"

在这段谈话中，作为销售方的谈判者，就是从客户最关心的利益出发，让客户明白：如果购买了W公司的产品，会带来利益上的多大损失；然后说出自己产品的优势，这样，在对比之后，客户必然会做出明智的选择。

那么，我们该如何通过语言描述，为对方展示诱人的利益，从而使对方就范呢？

1.“投入比例小”利益法

在我们心中，如果我们希望对方以某个条件答应成交，就需要让对方觉得，在这样的条件下达成共识是可取的。比如，在商务谈判中，我们可以利用产品价格对比法，也就是销售人员用所推销的产品与同类产品进行比较，用较高的同类产品价格与所谈的产品价格作对比，从而让客户明显感觉便宜的方法。很明显，所谈的产品价格就显得低了些。但运用这一策略时，我们手中至少要掌握一种较高价格的同类产品，当然，掌握的越多越好，这样，才更有可比性。

2.为顾客计算性价比

受很多因素的影响，很多消费者在购买东西的时候，更能着眼于产品的性价比来决定是否购买。性价比已经成为越来越多的客户购买商品时考虑的重要因素，无论商品价格高低，顾客们都希望通过衡量商品的质量、价格、功能等来考虑商品的性价比。但并不是所有客户对自己所要购买的产品都有足够的了解，很多时候，客户对产品的认识受到很多因素的制约，例如对商品的性能不够清楚，忽视了一些重要的细节等，因此也就可能对所购商品的价格提出质疑。

所以，商务活动中，想要尽快消除客户的错误理解，就要准确及时地传达给客户与商品质量相关的信息，尽量让客户全面地了解商品质量，并以此为客户计算出性价比，让客户一目了然地看到商品的质量与价钱之间的内在关系，消除其有关价格的质疑。

总之，欲使对方接受我们的交涉意见，就须要明确地表达出某种诱人的利益。当然这种利益绝对不能是无中生有的，否则就会适得其反，导致你苦心经营的“大厦”瞬间倾塌。

塔木德启示

是否能攻心，是商务交涉活动中的关键。争取最大的利益，是他们内心的需求。事实上，利益也是他的死穴。如果你能攻进他的死穴，展示令人垂涎的利益，就能让对方心服口服。

三、遭受侮辱是因为能力欠佳

犹太人认为，忍一点晴空万里，让三分海阔天空。面对人际之间的纷争和来自他人的侮辱，犹太人不主张正面冲突。正是因为有忍辱负重的气魄，犹太人才能在屡遭驱逐和迫害的情况下生存下来，并拥有令人羡慕的财富。

洛克菲勒说："除去恶意，我想我们之所以会遭受侮辱，是因为我们能力欠佳。这种能力可能和做人有关，也可能与做事有关，总之不构成对他人的尊重。"实际上，洛克菲勒能成为标准石油公司的总裁，能坐拥亿万家财，正是因为他有一颗能忍耐的心。洛克菲勒曾经讲述过自己在童年时的一次经历：

一天下午，学校老师告诉同学们，有位摄影师要来拍他们上课的情景照。对于像洛克菲勒这样的穷人家的孩子来说，能拍照确实是一件奢侈的事。当他听到这个消息后，内心雀跃起来。他甚至想象着自己要怎么摆好姿势、怎么笑，回家后一定要第一时间把这件事告诉母亲。

就在他做好一切准备，兴奋地盯着摄影机时，摄影师突然说："你能让那位学生离开他的座位吗，他的穿戴实在是太寒酸了。"洛克菲勒愣住了，但是他只能默默地站起身，然后离开了那个富家子弟组成的摄影队伍。

在那一瞬间，洛克菲勒感觉自己的脸在发烧。但他没有生气，也没有因而埋怨自己的父母，为什么家里这么穷。因为他知道，他的父母将他送进学校学习已经是一件不易的事情了。只是，在那一刻，他暗暗地下决心：总有一天，我会成为世界上最富有的人！让摄影师给照相算得了什么！让世界上最著名的画家给画像才是骄傲！

很多年后，洛克菲勒的家里一直珍藏着这张没有他本人的照片。

当然，洛克菲勒曾经的誓言变成了现实。而且，侮辱一词的意义在他眼里已经转换，它不再是剥掉他尊严的利刃，而是一股强大的动力，催促他不断奋进，成为自己想成为的人。

生活中的人们，你若想功成名就，就要做到“忍辱负重”，并练就这样的勇气。正所谓“小不忍则乱大谋”。在千变万化的社会中，难免会发生磕磕绊绊的事情，尤其在深似海的职场或官场中，斗争、受辱更是在所难免。所以，有时候，当我们置身于受辱的环境中时，要懂得忍耐，鼓足勇气挺下去，这样才能取得最后的胜利。

高尔基说过一句名言：“哪怕是对自己一次小小的克制，也会使人变得坚定而有力。”一个善于克制情绪、控制行为的人，一定是个能掌控自己命运的人，是能做大事的人。反之，遇上一点事就火冒三丈，不能控制自己的暴躁情绪的人，往往不会有什么大作为，也会因为自己言行的不当而成为人们眼中的笑柄。

韩信很小的时候就失去了父母，主要靠钓鱼换钱维持生活。经常受一位靠漂洗丝绵为生的老妇人的接济，但屡屡遭到周围人的歧视和冷遇。一次，有一个屠夫对韩信说：你虽然长得又高又大，喜欢带刀配剑，其实你胆子小得很。有本事的话，你敢用你的配剑来刺我吗？如果不敢，就从我的裤裆下钻过去。韩信自知形单影只，硬拼肯定吃亏。于是，当着许多围观者的面，从那个屠夫的裤裆下钻了过去。史书上称为“跨下之辱”。

那个时候，韩信还处在人生低谷，在街头上面对胯下之辱，试想，如果他选择的是动怒，即使动怒，想找回尊严，可是在一群痞子面前，他又能怎样呢？好汉不吃眼前亏，韩信是明智的，这样一种心胸助他成为一代名将。

因此，忍耐，也是有目的的。如果一个人是毫无目的地忍耐，不管遇到何人何事都采取忍耐的态度，那这样的忍耐就是愚蠢的。在忍耐的同时，我们应该问自己“为什么忍耐”“忍耐需要达到什么样的目的”，当心中有计划，那就必须忍耐；羽翼未丰，也需要忍耐。这样的忍耐是一种智谋，因为在委曲求全忍耐的同时，他早已经将所有的计划掌控于胸中，忍耐不过是为赢得最后成功争取时间而已。

塔木德启示

逞一时之快，逞英雄，并不是勇气，并不是成功。真正的勇气是即使失败了，被人羞辱了，还是忍耐了过来，并将这种忍耐当作前进的动力。如果我们具备了这样的勇气，那在这个世界上，还愁有什么事做不成呢?

四、别轻易相信任何人

在犹太人的生意经上有这样一条规则，叫作“每次都是初交”。哪怕同最熟悉的人做生意，犹太人也绝不会因上次的成功合作，而放松对这次生意的各项条件、要求的审视。这样做的目的，就是要防止因先入之见而掉以轻心所造成损失。

犹太人主张做生意要诚信，但他们同时不会过度相信他人。也正是这种谨慎的商业态度，让他们在经商的过程中总能立于不败之地。

可能我们都知道，真诚待人是为人处事的第一原则，但你千万要明白的是，真诚能换来热情，却不一定能换来别人同样的真诚，尤其是在商业活动中。如果你把所有人都当成朋友，把什么秘密都和盘托出，那么，你很可能会给自己带来危险。

的确，人们常说，商场如战场，与人打交道时，我们无法看透他人的真正目的。也有一些小人，会为了套取你的商业秘密而故意接近你。开始的时候，他们看起来是那么善意，那么富有诚意，对你又那么关心。你可能因感动而把自己的一切都告诉他，但你要清楚的是，那些商业秘密事关团队乃至整个企业的生死存亡，也是打败竞争对手的秘密武器，一旦泄露，后果不堪设想。

心理专家认为，自私是人的天性，就像贪吃是人的天性一样。洛克菲勒也曾经说，没有不追逐利益的人，从我们与他人打交道的第一刻开始，人与人之间一场旷日持久的利益游戏就开始了。的确，商场如战场，我们必须学会与敌人战斗。与所有人真心交朋友的想法是幼稚的。

在洛克菲勒给儿子的38封信中，他向小约翰讲述了自己曾经被骗的一次经历：

在科利佛兰，那时候，很多商人都挤进石油行业，导致了炼油业的生产过剩。这一行业几乎无利可图，那些炼油商也几乎到了破产的边缘。另外，科利佛兰这座城市远离油田，相对于那些工厂设置于油田的炼油商来说，这个城市的炼油行业毫无优势。对此，洛克菲勒决心站出来，将科利佛兰的炼油工厂集中起来，形成合力，这样才能抵御竞争。然而，那时候的洛克菲勒太年轻了。在他买下那些毫无价值的废旧工厂后，这些商人却见利忘义，甚至与洛克菲勒为敌，用自己变卖废铁得来的钱购置新机器，重操旧业，甚至公开敲诈洛克菲勒。

洛克菲勒心痛极了，他后悔自己太过轻信别人。而最令他难过的是，在以利益为中心的商业社会中，没有永远的朋友。今天还在一起喝酒的朋友，明天就可能因为一点利益争端而成为敌人。他的两位教友就曾多次欺骗他，他震惊了，一同祷告、虔诚地发誓要摈弃骄傲、纵欲和贪婪之心的人，何以如此卑鄙！

在经历了种种欺骗与谎言后，洛克菲勒得出一个结论：不要太相信任何人，只有相信自己，才不会被蒙骗。这个世界有太多太多的欺骗，提防是我们不可或缺的生存技能。

“儿子，请不要误会我，我无意将我们这个世界涂上一层令人压抑、窒息的灰色；事实上，我渴望友谊、真诚、善良和一切能滋润我心灵的美好情感，我也相信它们一定存在。然而，很遗憾，在追名逐利的商场中，我难以得到这种满足，却要经常遭遇出卖和欺骗的打击。直到今天，我还能清晰地记得数次被骗的经历，那真叫刻骨铭心！”这是洛克菲勒告诫小约翰的话。

“林子大了，什么鸟都有”，这是人们常来感叹社会复杂的一句话。年轻人，可能在你身边发生过这样一些事：你曾听到你的同事在领导面前中伤另外一个同事，而他们在人前是很好的朋友，其目的是为了减少竞争者；你可能看到一些人被钱财诱惑，不惜在利害关头出卖朋友……因此，你不要再天真地认为，这个世界上都是好人；也不要因为你的同事对你说了几句悦耳的话，就认为对方把你当知心朋友，然后对其和盘托出你所有的秘密，到最后被人利用了还蒙在鼓里。

我们发现，一些精明的商人都有自己的方法挖掘出他人接近自己的真正意图，我们先来看下面一个故事：

小王是一名外企职员，负责市场部的信息工作。最近，小王接到了经理分配的一个任务，就是探清楚合作公司的虚实，因为该公司有利用这种商业联谊窃取商业机密的嫌疑。

这可把小王急坏了，这根本是件没突破口的任务。因为在对方公司，小王也没有认识的熟人。经过苦苦的思索以后，小王豁然开朗，既然没办法让他们自己承认，就只有主动出击了。他想到的办法就是让对方代表“酒后吐真言”。

那天，小王把那位代表约出来，两人很快就称兄道弟了，然后小王慢慢地给对方灌酒。那人的酒量不好，不到一会儿，就开始“胡说八道”了。小王乘机问：“你们和我们公司合作到底是为了什么？”，从那个人的“口供”中，如小王和所有领导所料，他们公司只不过是为了获得第三方的资料。

现代社会，人们从事社交活动，多是带有一些目的的，其中不乏对我们不利的目的。我们只有识别对方的目的，才不会在交际中被人利用，像小王一样，必要时候若我们能采取一点非常手段——向对方“敬酒”，对方的意图就能一目了然。

因此，每个人在商业活动中，都要学会以下两点：

1.逢人只说三分话，未可全抛一片心

关于藏和露，我们要把握好尺度，需要你表现自己才能的时候，你就要大胆地表现。只有这样，才能得到他人对你能力的肯定，但切不可逾越要把握好藏与露之间的度。不可锋芒太露，得罪人。在日常工作和生活中，不要过于暴露自己的一些个性弱点，勿太坦诚。这样做就能让人摸不清你的底细。别人摸不清你的底细，自然不会随便利用你、陷害你。不致给人放冷箭的机会，也就能有效地保护自己。

2.善于观察，洞察人心

面对利益的争夺时，有些人会不择手段。我们可以保证自己不对别人放“暗箭”，却决定不了别人不对自己放暗箭。但你要聪明一点，多看，冷静地判断，更不要相信别人的花言巧语。人在“良言美语”和“糖衣炮弹”的“贿赂”下，会更容易丧失抵抗“暗箭”的能力，从而任人摆布。

塔木德启示

在人与人交往，尤其是在商业活动中，你一定要有防范之心。中国有句古话：“害人之心不可有，防人之心不可无。”对于那些伪善的人，一定要做好提防工作，切记不要让他们完全掌握你的秘密和底细，更不要为他们所利用，或一不小心陷入他们的圈套之中。

第11章

做事专注，学习犹太人坚韧不拔的做事精神

有人说：世界经济越来越多地操纵在犹太人的手中。的确，细心的我们会发现国际许多知名企业的领导人都是犹太人。虽然他们有着苦难的民族历史，但就是这样一个民族给我们留下了许多奇迹和思考。研究犹太人的做事方法、风格和习惯，我们更能发现，犹太人不但智慧过人，更是勤奋过人。他们做事专注、认真、积极主动，这是我们每个人都应该学习的。踏实做事，勤奋拼搏，我们总会得到命运的垂青。

一、热爱你的工作

我们都知道，人生在世，要有一番成就，就必须有目标，这是毋庸置疑的。正是因为这一点，现实生活中，一些人认为自己手头的工作毫不起眼，于是他们总是渴望拥有一份更能发挥自己能力与价值的工作。专注于手头的工作，全力以赴，才能产生火热的激情，让你每天获得进步。成功始于源源不断的工作热忱，你必须热爱你的工作。热爱你的工作，你才会珍惜你的时间，把握每一个机会，调动所有的力量去争取出类拔萃的成绩。

对此，犹太人说："选择你所爱的，爱你所选择的。"的确，工作在我们的人生中占据了大部分最美好的时光。比尔·盖茨有句名言："每天早上醒来，一想到所从事的工作和所开发的技术将会给人类生活带来巨大的影响和变化，我就会无比兴奋和激动。"犹太人认为，一件工作有趣与否，取决于看法。对于工作，我们可以做好，也可以做坏；可以高高兴兴和骄傲地做，也可以愁眉苦脸和厌恶地做。如何去做，这完全在于我们。所以只要在工作，何不让自己充满活力与热情呢？

我们不妨先来看下面一个故事：

很久以前，在西方，有个人在死后来到一个美妙的地方，这里能享受到一切他曾经没有享受过的东西，包括妙龄美女和美味佳肴，还有数不尽的佣人伺候他。他觉得这里就是天堂。可是在过了几天这样的生活后，他厌倦了，于是对旁边的侍者说："我对这一切感到很厌烦，我需要做一些事情。你可以给我找一份工作做吗？"

他没想到，他所得到的却是摇头："很抱歉，我的先生，这是我们这里惟一不能为您做的。这里没有工作可以给您。”

这个人非常沮丧，愤怒地挥动着手说：“这真是太糟糕了！那我干脆留在地狱好了！”

“您以为，您在什么地方呢？”那位侍者温和地说。

这则寓言故事是要告诉我们：失去工作就等于失去快乐。但令人遗憾的是，有些人却要在失业之后，才能体会到这一点，这真不幸！

追求快乐固然没有错，但你要明白，只有踏实工作才是真正快乐的源泉。不可否认，浮躁的现象普遍存在，具体表现于看不到劳动的真正价值，更做不到安心工作、心浮气躁，事情刚做到一半，就觉得前途渺茫、失去兴趣，结果，他们总是一事无成。

事实上，即使你现在对工作感到厌倦，仍坚持作一些努力，忍辱负重、积极向前，将导致人生的根本转变。

因此，我们都要明白，工作本身并没有上下贵贱之别，在职业上也没有尊卑。当你意识到自己工作的意义、拼命劳动的时候，自然得到的快乐，是任何的东西都不能代替的。而有人认为自己所作的工作没有意思或者讨厌它，因而挑剔工作。这样的人，一辈子都不能从事那种把灵魂都付出的工作，不能享受人生的真正喜悦。

当你抱有这样的热情时，上班就不再是一件苦差事，工作就变成了一种乐趣，就会有许多人愿意聘请你来做你更热爱的事。如果你对工作充满了热爱，你就会从中获得巨大的快乐。设想你每天工作的8小时，好比在快乐地游泳，这是一件十分惬意的事情！

事实上，工作不仅为我们提供了生存的机会，还让我们找到了在社会中的价值。然而，生活中，并不是所有人都能认识到这一点。我们经常看到，他们或因为报酬不理想而放弃现在的工作，或为了前方一个薪资更好的工作而放弃快乐；或在现有工作上“做一天和尚撞一天钟”“得过且过”，因为他们工作的目的就是得到每月按时发放的薪水。而你想过没，你工作得快乐吗？

接下来有四个实际的步骤供你省察，让你反省是否知道自己在做什么。用一点点时间来思考一下，也许你会为你所发现的真相感到惊讶：

首先，保持良好的精神状态迎接每一天的工作。

你要始终确立和保持不甘落后、积极向上、奋发有为的精神状态，清醒地认识自己肩负的责任，切实增强时不我待、只争朝夕的紧迫感，食不甘味、寝不安席的责任感，树立强烈的事业心和进取意识。如果把所从事的工作只当成一个混饭的营生，那么，你就很难有工作积极性，也就很难做好工作。

其次，不要把注意力只放在金钱上。

钱是赚不够的，因此，我们不要把眼光只放在薪金的多少上，而是应该多关注自己创造的价值，工作带给你的成就感和满足感应该超越金钱上的报酬。

再次，找出你在工作上的重要价值。

请记住一点：当初你为何会接下这份工作？如果这只是一份临时的工作，你是否会认真考虑将来你真正想做的事是什么？然后再问你自己：由于我的投入，这份工作是否不一样了？正确的价值观在个人的成就感及福祉中扮演着重要角色。

检讨自己为何做现有的工作并不代表你不满意它，只是做一些自省工夫。这样的省察会使自我意识产生良性的工作成就感、升华自我实现的意志以及真正知道自己在做什么。

最后，敢于问自己：我做这份工作值得吗？

如果在工作中，你根本发现不了自己喜爱的部分，你正想尝试着换另外一份工作，那么，你是否应该考虑一下，是不是因为以下原因：你是不是找错了在工作中努力的方向，而不是这份工作本身的原因？还有你是否喜欢工作中的自己？若答案为否，你能够做一些改变吗？或者问题是出在工作本身？你是否要换到另一部门工作？是否有其他的原因使你无法完成该做的工作？所以，也许你只需要重新调整好角度，审慎地选择你该花费的时间。

塔木德启示

在人生中，倘若劳动不能给我们带来至高无上的快乐，那么，即使你能通过其他方式获得，最终留给我们的结果也不过是不尽如人意的缺憾。而且，专心致志于工作所带来的果实，不仅有成就感，还可以为我们奠定做人的基础，锤炼我们的人格。

二、积极主动地做事

在生活中，作为职场人士，我们可能会发现有这样两种人：一种人，在工作中总是能自动自发、从不拖延，并且还能工作得非常快乐；另一种人，却满怀抱怨、拖拖拉拉、一事无成。这是两种完全不同的工作态度，很明显，前者更受欢迎，也更容易获得成就，实现自己的目标。而后者，只不过是得过且过，无法获得成就感。

对此，犹太人很早就明白，无论做什么事，都要积极主动，都要为自己的行为负责，没有人能保证你成功，只有你自己。也没有人能阻挠你成功，只有你自己。

犹太人认为，无论任何行业，想攀上顶端，都需要在成功之前，主动地、默默地积累很长的时间，需要漫长的规划和踏实的努力。你想攀登成功的顶峰吗？那么，你就要永远保持积极主动的工作精神，就要永远维持主动率先的精神去面对纵然是毫无挑战和毫无生趣的工作，终能获得回报。

20世纪80年代，美国有一家著名的机械制造公司叫维斯卡亚公司。这家公司的产品远销全世界，因此，它实力雄厚，代表着当时重型机械制造业的最高水平。大公司门槛高这句话是有道理的，很多毕业生都到这家公司求职，但都被无情的拒绝，因为该公司的技术人员爆满。但丰厚的待遇和令人羡慕的社会地位还是让很多人削尖了脑袋前来求职。

这群求职者里有个叫史蒂芬的人，他是哈佛大学机械制造业的高材生。和许多人的命运一样，在该公司每年一次的用人测试会上被拒绝。史蒂芬并没有死心，他发誓一定要进入维斯卡亚重型机械制造公司。于是，他决定先“混”进去再说。他先找到公司人事部负责人，提出可以无偿为这家公司提供劳动力，只要能让他在这家公司，哪怕不计报酬，也能完成公司安排给他的任何工作。这位负责人起初觉得简直不可思议，但考虑到不用任何花费，在利益的权衡下，这位负责人答应了，并安排他去车间扫废铁屑。

这份工作是没有报酬的，斯蒂芬还得养活自己，于是，一年的时间里，他白天在这家公司勤勤恳恳的工作，晚上还得去酒吧打工。

令斯蒂芬失望的是，虽然他得到了所有同事和负责人的认同和好感，公司却并没有提及正式录用他的事。但机会很快来了。那是20世纪90年代初，公司的许多订单纷纷被退回，理由均是产品质量问题，为此公司蒙受了巨大的损失。董事会为了挽救颓势，召开紧急会议商议对策。当会议进行了很长时间却未见眉目时，史蒂芬闯入会议室，提出要见总经理。

在会上，史蒂芬慷慨陈词，对公司出现这一问题的原因作了令人信服的解释，并且就工程技术上的问题提出了自己的看法，随后拿出了自己对产品的改造设计图。这个设计非常出色，恰到好处地保留了原来机械的优点，同时克服了已出现的弊病。总经理及董事会的董事见到这个编外清洁工如此精通在行，便询问了他的背景以及现状，随后史蒂芬被聘为公司负责生产技术问题的副总经理。

原来，斯蒂芬这是退而求其次的一种办法。当他被拒绝后，他想法设法留在这家公司，是为了更彻底地了解这家公司。于是，他在做清扫工时，利用清扫工到处走动的特点，细心察看了整个公司各部门的生产情况，并一一作了详细记录，发现了所存在的技术性问题并想出了解决的办法。为此，他花了近一年的时间搞设计，获得了大量的统计数据，为会上的出色表现奠定了基础。

斯蒂芬为什么能一举成功，让公司高层领导对其能力加以肯定并由一名小小的清洁工成功晋升为负责处理技术问题的副总经理？原因很简单，他懂得厚积薄发，伺机而动。在该公司没有人敢承担这个任务的时候主动请缨，以自己过硬的专业知识解决了这项技术问题。

然而，我们不难发现，也有一些人，在工作中，总是抱着这样的态度：

要么喜欢耍小聪明，要么上班迟到、早退；要么总是推脱工作。这些人自以为得利，但他们的损失将远远大于他们的所得。这种人，也许会得逞一时，但终将失败一世，永远与成功无缘。

老木匠辛苦了一生，建造了很多房子。这一年，他觉得自己老了，便向主人告别，想要回家乡去安享晚年。

老板十分舍不得他离去，因为他盖房子的手艺是镇上最好的，再也没有第二个人能够跟他相比。但是他去意已决，老板挽留不住，就请他再盖最后一座房子，老木匠答应了。

最好的木料都被拿出来了，老木匠也马上开始了工作。但是人们都可以看出，老木匠归心似箭，注意力完全没有办法集中到工作上来。梁是歪的，木料表面的漆也不如以前刷得光亮。

房子终于如期建造完成，老板把钥匙交到老木匠的手上，告诉他这是送给他的礼物，以报答他多年来辛苦的工作。

老木匠愣住了，他怎么也没有想到，自己一生建造了无数精美又结实的房子，最后却让自己获得了一件粗制滥造的礼物。如果他知道这房子是为自己而建的，他无论如何也不会这样心不在焉。

这只是一则故事，然而现实生活中，在我们的身边却有不少人和故事中的的这位老木匠一样，因为缺乏热情，每天带着一脸的茫然和无奈去工作，茫然地应付上级交代的任务，然后领回工作。因为他们认为，自己所做的，不过是为别人打工而已。

很明显，这种消极的工作状态无论对于员工个人还是对整个组织而言，都是极为不利的。被动地应付工作，自然不可能投入全部的热情和智慧，也就不可能在自己的岗位上有所成就。而同时，我们深知，效率是任何管理工作的根本目的，没有工作热情的工作状态又有何效率可言呢？

塔木德启示

无论你从事哪行，都需要积极进取的工作态度。所以，从现在起开始加倍努力吧，不要等着别人来吩咐。比自己分内的多做一点，成功的机会就多一点。

三、责任第一，做事要尽职尽责

在现代社会，任何一家企业聘用人才的标准中，最为重要的一条就是负责，这是敬业精神的基础。而在犹太人看来，做事情无法做到全心全意、尽职尽责的人，是不会培养自己的良好个性的、也做不到意志坚定、达到自己的目标，这类人贪图享乐、追名逐利，做不到脚踏实地、有所成就。

犹太人认为，责任心是取得成功的基础，没有责任心，再怎么努力也枉然。当然，要培养责任心，需要我们做到对公司负责，对自己负责，将手头的工作当成事业来努力。久而久之，你一定会成为一个有责任心的员工。

美国钢铁大王安德鲁·卡内基在未发迹前，曾担任过铁路公司的电报员。

有一天，正值放假，但卡内基需要值班。就在这个平凡的值班日，发生了一件意想不到的事。

躺在椅子上休息的卡内基突然听到电报机滴滴答答传来的一通紧急电报，吓得从椅子上跳起来。电报的内容是：附近铁路上，有一列货车车头出轨，要求上司照会各班列车改换轨道，以免发生意外的追撞惨剧。

这可怎么办？现在是节假日，能下达命令的上司不在，但如果现在不决策的话，就会产生一些不可预料的恶果。时间慢慢过去了，事故可能就在下一秒发生。

不得已卡内基只好敲下发报键，冒充上司的名义下达命令给班车的司机，调度他们立即改换轨道，避开了一场可能造成多人伤亡的意外事件。

当做完这一切后，卡内基心里也开始紧张起来，因为按当时铁路公司的规定，电报员擅自冒用上级名义发报，唯一的处分是立即革职。但又一想，这一决定是对的。于是在隔日上班时，将写好的辞呈放在上司的桌上。

但令卡内基奇怪的是，第二天，当他站在上司办公室的时候，上司当着卡内基的面，将辞呈撕毁，拍拍卡内基的肩头：“你做得很好，我要你留下来继续工作。记住，这世上有两种人永远在原地踏步：一种是不肯听命行事的人；另一种则是只听命行事的人。幸好你不是这两种人的其中一种。”

卡内基之所以成功，是因为他有成功者的品质——责任心，这一点，在他未发迹时就已经显现出来了。

我们发现，在任何一个企业或者组织中，有责任心的员工会千方百计努力去实现自己，而一个没有责任心的员工则会得过且过，过一天算一天，最终将自己的命运断送在自己手中。正如足球行业中的一句话所说“态度决定一切”，用在销售人员身上则是：责任决定态度，态度决定一切。

的确，现代社会，无论是职场还是商场，竞争的激烈恰如战场。假如你也渴望成功，你就应该牢牢地记住，做事尽职尽责，是事业成败的关键。而如果工作中出现问题，与其找借口推脱，不如想办法解决。

10多年前，他在一家建筑材料公司当业务员。当时公司最大的问题是如何讨账。产品不错，销路也不错，但产品销出去后，总是无法及时收到款。

有一位客户，买了公司10万元产品，但总是以各种理由迟迟不肯付款，公司派了三批人去讨账，都没能拿到货款。当时他刚到公司上班不久，就和另外一位姓张的员工一起，被派去讨账。他们软磨硬泡，想尽了办法。最后，客户终于同意给钱，叫他们过两天来拿。两天后他们赶去，对方给了一张10万元的现金支票。

他们高高兴兴地拿着支票到银行取钱，结果却被告知，账上只有99920元。很明显，对方又要了个花招，他们给的是一张无法兑现的支票。第二天就要放年假了，如果不及时拿到钱，不知又要拖延多久。

遇到这种情况，一般人可能一筹莫展了。但他突然灵机一动，拿出100元钱，让同去的小张存到客户公司的账户里去。这一来，账户里就有了10万元。他立即将支票兑了现。

当他带着这10万元回到公司时，董事长对他大加赞赏。之后，他在公司不断发展，5年之后当上了公司的副总经理，后来又当上了总经理。

这个精彩的讨账故事，博得了大家阵阵热烈的掌声。大家都很钦佩他凡事主动想办法的精神，而且一致认为：他能有今天的发展，与他这种精神密切相关。

很多时候，如果你把精力都放在问题本身，就很难发现解决问题的办法。而实际上，在困难面前，如果我们不找借口，而是挖掘如何解决问题的方法，就会发现，人的潜能的确是无限的。

生活中的人们，要做个成功的人，就必须要有成功的心态，不为自己找任何借口退缩，而是勇敢向前。为此，你要做到：

1.摆正态度，把责任心放在第一位

的确，没有人愿意主动失败或者出错，这也是很多人的借口。但一个对待事情不小心不认真的人又怎么能够把事情完成得圆满出色呢。也就是说，不管你做什么事，摆正态度，才能减少失败的可能。

2.不要试图让别人为你承担失职的责任

有些不负责任的人在事情出现问题时，首先考虑的不是自身的原因，而是把问题归罪于外界或者他人。这样的做法，不仅会让你养成推脱责任而不是找解决问题的方法的习惯，还会影响人际关系。

3.寻找弥补的措施

其实，与其绞尽脑汁，寻找那些为自己开脱的借口，倒不如想想怎么把可能出现的损失降到最低点。这里，我们可以做到的是，尽量制订出一份新的弥补方案，并完善细节，因为大多数情况下，问题都出在细节上。

塔木德启示

我们无论从事何种职业，都应该尽心尽责，尽自己最大的努力，求得不断的进步。这不仅是工作的原则，也是人生的原则。

四、比别人多做一点，你会收获更多

在工作中，你是否曾遇到过这样的情况：上班时间，突然来了老板的一个快递，但老板不在，签还是不签？同事有紧急事情，让你帮他请个假，帮还是不帮？看到会议室的材料掉在地上，捡还是不捡？诸如此类的分外事随时都有可能发生，做还是不做？

可能很多“精明”的人会说：当然不做，既然是分外事，何必多此一举？但事实上，这并不是真正聪明人的选择。你可能也发现了，那些真正得到老板赏识的，都是对工作始终充满着春天般热情的人，他们通常都会顺手给同事帮个忙，或者替老板解决一些工作之外的问题。还有一些现象，那些成功人士，无不因为机缘巧合而得贵人相助。其实，无论是在职场还是整个人际关系中，学会揽一些“分外”事，你才有可能遇到“分外”的收获，因为通常来说，真正能打动他人的，往往是那些无心之举。

犹太人认为，人们在实际工作中应该多做一些分外的工作，说不定这些额外的付出就是你走向成功的开始。我们都知道，犹太人素来以过人的智商而闻名。其实，犹太商人也都是高情商人士，他们往往能在小细节上赢得人心，而赢得了人心，能让他们左右逢源，从而帮助他们在商场顺风顺水。

高情商的犹太人告诉我们，多做一点，你也许会收获更多。我们先来看下面一个关于财富的故事：

曾经有一个年轻人，在一家小旅馆当服务员，一直勤勤恳恳地工作。

这天晚上，一对老夫妇来开房间，但旅馆房间已经没有了，这下，老夫妇犯难了，因为他们真的没有地方去了。怎么办呢？

年轻人很爽快地告诉老夫妇，让他们睡自己的房间，正好自己要值班。然后，他将自己房间的床单和被褥都换了，自己则趴在柜台上睡了一夜。

第二天，老夫妇看到这种情景很感动，认为这个青年人很善良。他绝对没有想到，这对老夫妇就是希尔顿饭店的老板，而且没有子女，后来他做了希尔顿家族的接班人。

这名年轻人从一名旅店服务员跻身于上流社会，继而成为希尔顿酒店的接班人，与这位老夫妇的带领和引荐不无关系，当然，这是机缘巧合。但却告诉我们一个道理，人际交往中，我们若想得到“分外”的回报，就不要总是置身事外，就要多做一些“分外”事。

当然，我们所做的额外的事，并不一定会给我们带来额外的回报。但我们大可不必因噎废食，我们不妨把它当作一次善举，也可以当作对自己的磨炼，毕竟这远比在电梯里与老板、上司寒暄成功率来的更高。

因此，职场中的人们，不妨也在日常生活中广结善缘吧，通过帮助他人来为自己赢得人心。敢问情为何物，直叫人生死相许。乐于助人，多主动帮

助别人，会不断增加感情账户上的储蓄。在工作上，在生意中，在交际时，对别人多一分相知，多一分关心，多一分相助，当你求人办事时，谁还会拒你于千里之外呢？

当然，你还需要注意的一点是，与同事、领导打交道，帮助他们，也一定要掂量自己的能力。答应别人无法兑现的事，不但无法赢得人心，还会让他人对你心生厌恶。

某厂职工小方经常向同事炫耀自己在市房管所有熟人，能办房产证，而且花钱少、办事快。人们开始还信以为真，有些急于办理房产证的同事便交钱相托，然而时过多日，不见回音，问到小方，他说："近来人家事儿太多，再等等。"拖得时间长了，同事们对他的办事能力产生怀疑，便向他要钱，他找理由说："谋事在人，成事在天。懂不懂？你的事儿虽然没办成，可我该跑的跑了，该请的请了，你不能让我为你掏腰包吧？"言下之意，钱没了。

从此以后，小方的话再也没人信了，以至于人们在闲暇聊天时，只要小方往人群里一站，大伙好像有一种默契似的，顿时缄默不语，继而纷纷散去。

可见，真正想让你的"分外"之举被他人感激，还要看你到底是不是真的帮助对方解决问题了。我们一般崇尚"一言九鼎""落地砸坑""张嘴就能见到肠子"的直爽性格，而不喜欢转弯抹角的绕弯弯，更讨厌貌似有口无心、直言快语，实则机关算尽、言而无信的滑头。我们对别人的每一个帮助都是对自己品质的考验，每一项承诺都是对自己人格的担保。因此，我们对别人做的每一件事一定要谨慎。

古人云，轻诺必寡信。这不仅是一个主观上愿不愿意守信的问题，也是一个有无能力兑现的问题。一个人经常答应自己无力完成的事，当然会使别人一次又一次失望。为人办事、帮忙，一定要有把握，当你获得了一个守信用的形象时，会获得越来越多人的信任，因而带来越来越多的机会。这就好似拥有了一座金矿。反之，缺此一条，别的方面再优秀，也难成大器。要获得守信的形象并不容易，最要紧的一条是：别答应你无法兑现的事。

塔木德启示

说实在话，做实在人，可能一时一事吃亏，但也许一生一世受益。人际交往中，我们应该有点利益心与长远眼光，身处职场，有人需要我们帮忙时，即使是我们“分外”的事，我们也不能袖手旁观。同时，我们也应认清自己的能力，对于做不到的事，我们还是不要轻易许诺。

第12章

生活之道，人生不只是为了工作

在人生路上，我们每个人都在为自己的目标奋斗着，都在努力工作，但这并不是一个一帆风顺的过程。那些成功者，也必定是经历了百转千回的磨砺和痛苦，甚至是一次痛苦的蜕变。因此，我们说，成功是容不得我们有享乐之心的。然而，在犹太人看来，人活在这个世界上，无非是为了使自己更加快乐幸福而已。而要学会快乐的生活，最重要的是摆正自己的心态。我们既要全力以赴地工作，也要全力以赴地享受人生。的确，拥有一份恬淡的心境，对于万事万物，不急不躁，你就懂得了幸福的真谛。

一、无论是工作或休息，都全力以赴

曾经有人说，人的生命只有两种状态：运动和停止。现代社会，处于重压下的年轻人每天都在拼命地工作，虽然双休日时能够在家小睡个懒觉，但恐怕心情也不会那么淡然。用持之以恒的精神拼搏、奋斗，是我们必须具备的一种品质，但并不意味着要一刻不停地奔波与忙碌。适可而止，会休息才会成长。只会向前猛冲，而不懂得减速缓行的人，在人生的某个弯道处，一定会冲出跑道，损失更多。

在《犹太宗教智慧》一书中，有一段话涉及"人生的目的是什么"这一问题。可能我们会认为，犹太人人生的目的应该是"赚钱"。据统计，美国的百万富翁中有20%是犹太人，因而犹太人历来被公认为最会赚钱的民族，被誉为"世界第一商人"。

然而，犹太人并不以赚钱为人生目的。对于上述问题，他们的答案是——人生的目的就在于热情地享受生活。在犹太人看来，无论是工作还是休息，都要全力以赴。石油大王洛克菲勒说："我学习工作也学习享乐，我的生命就是愉快的假日，充满工作、充满享乐，上帝日日都在保佑我。"这句话也是在告诫我们要懂得休息、懂得享受生活。洛克菲勒虽然掌管着标准石油公司的决策大权，但他从来不忽视身体的休息，更重视和家人一起享受时光。

退休后，洛克菲勒过着隐居生活。在波坎铁柯庄园植树，修剪草坪，仔细考虑如何将自己的基金用在最值得使用的地方。他享受着简单的天伦之乐，在海滩与家人度假，在礼拜堂或街上与人聊天。他从来不喜欢回头看、重温或抱怨往事。但到过他家里的每一个人，在离开时，对其沉着、忍耐和简朴总怀有一种由衷的敬畏感。

1937年的一个星期日早晨，洛克菲勒在毫无痛苦、不知不觉中平静地去世，享年97岁。这是上帝给这个基督徒最好的奖赏。

洛克菲勒的生活态度是值得人们学习的，同样，身处职场重压下的人们，在工作之余，一定要懂得休息。只有劳逸结合，才有更高的工作效率。

有个成功的企业家，他的成功可谓一路艰辛。他从十几岁就开始给别人帮工，每天都是早起晚睡的，整天都是忙忙碌碌，好像就没有休息过，也没有参加过任何的娱乐活动。那段日子，他的梦想是，将来自己有一间铺子就好了。

几年后，他终于开了一间铺子。生意不错，此时，他告诫自己，自己的生意，更不能放松，于是仍然起早贪黑，匆匆忙忙，休息时间更少了。他想，等将来生意做大了就好了。

又过了几年，他的生意果然做大，拥有了数间很大的门市，每天货进货出几百万元的资金流动，他更不敢放手给别人去做，还是自己苦拼，联系货源，接待客户，管理账目……没黑没白，忙得如有狼在后面追一般。看他真的好辛苦，有人就劝他："你放一放可以吗？好好的休息一天，看看世界会不会大变！"

他回答："不行，我不做时，别人会做的。前面的那些大户们我会追不上的，后面一些中小户又逼上来。放一放，我会落在后面的。"

终于有一天，他累倒了，被迫躺在病床上不能动了，以前高速运转的日子一下停下来，他终于可以静静地想一下匆匆而过的人生了。有一次，他看到一个病人被抬进手术室后再也没回来，那个病人很年轻，刚刚还与自己谈过出院后要去旅行。他看着对面空空的病床，心不由一震，顿时大彻大悟了：人由生到死其实只是一步的事。这一步，自己却走得太过沉重啊！一直以来，自己的名利心太重，想要的太多，然而真正得到的却很少。如果不是这次病倒，他会一直拼到50岁、60岁，甚至更久。没有娱乐，没有休息，最后两手空空的离开这个世界，这是一件多么可悲的事啊！康复后，他像换了一个人似的，生意还在做，只是不那么拼命了，他不再去追前面的大户，也不怕后面的小户追上来，甚至错过一笔很有赚头的生意也不会在意，人们还经常可以在高尔夫球场上看到他，有时他也慷慨地与他的家人坐飞机到外地旅游。

他终于懂得了生活的意义。

生命如此脆弱，人生苦短，我们当然需要努力地工作。但我们不能忘记，除了工作之外，还有很多值得我们追求的东西，如健康、幸福等。因此，和故事中的企业家一样，我们也应及早觉悟，才能收获一份最本真的快乐。

有过登山经历的人也许会有一种体会，那就是：山很高，需要分好多步才能登顶，最关键其实就是在中途，一旦不停下来休息，那么必然在最接近终点的时候落下。工作中，我们适时调整自己也是必需的，一个真正会学习的人不会打疲劳战，而是懂得充足的休息之后才有更充沛的精神。

塔木德启示

会休息才会工作。我们只要合理安排时间，懂得调节自己，做到劳逸结合，大可不慌不乱，甚至有一些充裕的时间享受生活。

二、善待自己，注重身体健康

可能有很多人会发出这样的疑问：犹太人除了赚钱以外，是怎样安排自己生活的呢？大部分人可能会认为，犹太人应该只会经商和工作。事实上，犹太人并非如此。努力工作、注重身体健康、善待家人和朋友，才是犹太人的生活态度。

然而，现代社会中的人尤其是那些努力工作的人们，就如忙碌的蚂蚁一般。他们总是脚步匆匆，心事重重，年复一年，日复一日，像牛一样辛勤耕作。到头来面色欠佳，疲惫不堪，成了“亚健康”患者。《红楼梦》说得好：“说什么脂正浓，粉正香，如何两鬓又成霜？昨日黄土垄头送白骨，今宵红绡帐底卧鸳鸯。”世事无常，人生匆匆，唯有一颗单纯的心才会让人幸福快乐。

值得一提的是，石油大王洛克菲勒在40岁之前也未曾认识到健康的重要：

一天下午，他的医生告诉他，在每年的例行身体检查中，他被查出来有狭心症，即心脏的冠动脉闭塞症。那时候，洛克菲勒并没在意，然而就在四天后的一个傍晚，当时，他正看报纸，突然觉得身体很难受，全身冒冷汗，幸亏他的妻子及时叫来医生。

两个小时的抢救后，洛克菲勒脱离了危险。在医院住了两个多月后，他回家了。

“我知道自己还活着真是好极了。仍然拥有和家人一起度过的时间，以及享受这个世界上好多东西的时间，让我欣喜不已。而我曾经面对死亡而没有恐惧，也是值得高兴的。”洛克菲勒后来对自己的儿子这样说。

“那次经历给我最深刻的教训，就是要永葆身心的和谐，善待自己的一生，爱家人和朋友，知道其可贵之处，这恐怕是无可比拟的良药吧。我们往往在濒死之时，才明白可爱的东西是如何地可爱，而事前就已明白这一点的人是幸运的。天堂是如此的美好，”洛克菲勒打趣道，“可是毕竟我去那里还为时尚早。”

是啊，人的生命只有一次，尽管我们有太多的事情要处理，但不珍惜自己的生命，一切都是空谈。

但我们生活的周围，不乏这样的人，他们为了追求所谓的幸福，牺牲了更为有价值的东西，如健康、亲情等。

人是一种有着美好憧憬的动物。年轻时，我们总是想着等到老了以后，得到了许多物质的满足，再去好好享受，去作环球旅行；当我们有了孩子时，总是惦记着让子女好好享受。至于自己到底需不需要享受，自己什么时候享受，却从不去认真考虑。所以，事实上，很多人不会享受。

当然，提倡享受生活，并不是要我们忽视工作。最恰当的方式是做到工作、生活统筹兼顾，具体说来，你可以从以下几方面调整自己：

1.统筹兼顾、合理安排

你应该合理分配工作、休息的时间，做到劳逸结合，把握好生活节奏。

2.多做体育运动

我国著名的地质学家李四光在伯明翰大学学习期间，正值第一次世界大战爆发。以英、法、俄为一方的协约国和以德、意、奥为一方的同盟国，为重新瓜分世界，争夺殖民地，展开了生死大战。一时间，生活物资短缺，物价开始上涨，生活极度困难，许多留学生已无法忍受，纷纷离开英国。但李四光硬是凭着顽强的毅力和从小养成的坚忍精神，节衣缩食，克服了种种困难，把学习坚持下来。他常常利用假期，跑到矿山做临时工，赚钱维持生活，继续完成学业。

在这样艰难的时候，他乐观旷达，劳逸结合，偶尔在假日走进公园，看看名胜古迹，并利用业余时间学会了拉小提琴，养成了终生的爱好。

的确，一个真正会学习的人不打疲劳战，而是懂得通过身体锻炼来调节。不知你有没有这样的体验：当情绪低落时，参加一项自己喜欢又擅长的体育运动，可以很快地将不良情绪抛之脑后。这是因为体育运动可以缓解心理焦虑和紧张程度，分散对不愉快事件的注意力，将人从不良情绪中解放出来。另外，疲劳和疾病往往是导致人们情绪不良的重要原因，适量的体育运动可以消除疲劳，减少或避免各种疾病。

3.留出一些机动时间以处理突发状况

很多人认为，忙碌的一天才是充实的一天，以至于他们经常把一天的日程安排得满满的，但一遇到突发事件，就手忙脚乱了。其实，你应该学会合理规划时间，留出一些时间处理突发情况；即使没有出现这些突发事件，你也能给自己一个放松和休息的机会，或与父母、朋友联络一下感情、考虑一天工作中的得失等。

总之，对于日常工作和学习，我们只要合理安排时间，懂得调节自己，做到劳逸结合，大可不慌不乱，甚至有一些充裕的时间享受生活。

塔木德启示

一个人的人生坐标怎样定位，就有怎样的幸福。最大的幸福莫过于好好活着，珍惜今天，珍惜当下。

三、幽默是生活的调味料

我们周围总是有人整天闷闷不乐、愁眉苦脸。他们觉得生活无趣，人生无趣。久而久之，他们便对工作与生活失去了激情，他们自身也变得麻木消极。实际上，生活需要趣味，而且是各种各样的趣味。于是世界便有了志趣、情趣、谐趣、童趣、文人雅士之趣、市井小民之趣……如果再加上幽默，我们不妨称它为“幽默”。

犹太人认为，一个人的快乐来自于心灵。生活有时是相当艰苦的，有幽默感的人善于苦中作乐，用幽默作为艰苦生活的调味剂，鼓励自己克服困难渡过难关。

弗洛伊德是最伟大的三个犹太人之一。有一次，弗洛伊德对他的大女儿说：“我感觉到，近两年来你在为一件事犯愁，你认为自己不够漂亮，找不到丈夫。我可没把这当回事，在我眼里，你很漂亮。”

她的女儿笑了笑回答：“可你不能娶我，爸爸，你早已结婚了。”

这个女儿不是一般的女儿，这个女儿充满了智慧，欣然接受父亲送给的慈祥礼物——夸她“漂亮”。幽默思维惯性地滑到“可你不能娶我”上，婉转地告诉父亲，我知道了。并且，以一种玩笑的形式表达了对父亲的关爱，温馨之情溢于言表。

我们再来看下面的一个案例：

刘勇是独苗，父母很宠他，家里什么事都不要他做，整天饭来张口，衣来伸手。因此，都三十好几的人了，他饭都不会做。妻子玉兰进门后，见他竟然是个只会享受的家伙，常借机奚落他。

那天，玉兰加班回来晚了些，到家后发现刘勇正坐等她回家做饭呢！肚子饿得咕咕叫的她，不禁发起脾气，把他狠狠地训斥一顿。刘勇自知理亏，低头不吭声。

玉兰见状气消了大半，转身去厨房做饭。一会儿，上小学的女儿跑进来：“妈妈，你教我做饭吧！”玉兰很开心，问：“你要学做饭干嘛？是不是想以后做饭给妈妈吃？”女儿摇摇头，嘴贴到她耳边悄悄说：“学

会做饭，就有资本训人了。你看爸爸因不会做饭，被你再怎么训，都不敢吭声。”

可能故事中的女主人公玉兰在听到女儿的童言之后，即使对丈夫还心存怨气，也会烟消云散。在孩子的眼里，妈妈训斥爸爸的原因是爸爸不会做饭，而不是爸爸的懒惰，这就是童趣。

的确，幽默对于生活的影响是巨大的。心理学研究表明，幽默不但可以提高人的免疫能力，也会增强个人的主观幸福感与塑造乐观人格。由此，弗洛伊德将幽默视作精神升华的有效手段，并大力提倡人们学会用幽默来宣泄生活烦恼。此外，幽默还可以帮助人们提高人际交往能力，获得更多的人际和谐。更重要的是，幽默感使人富于创新思考和同情心，无时无刻地追求烦恼中的快乐，冲突中的和谐。

那么，具体来说，幽默给我们带来怎样的精神财富呢?

1.幽默有助于交流

人是社会的人，都需要与人交流。但很多时候，需要交流的问题，如果直接指出，会引起不快甚至是斗争。此时，幽默就是很好的替代品，一句搞笑的话就能转移双方的注意力。除此之外，那些倾向焦虑和忧郁的人更应该多讲笑话，与人交流。

2.幽默放松心情

笑具有一种微妙的力量，它能让人放松。当人们使用幽默，自主神经系统就像从高位上缓缓下来，让心脏得以放松。因此，对于长期处在紧张的工作和生活环境下的人们，幽默是放松心情的良药。

3.减轻压力

在美国的加州大学，曾经做过这样一个实验，这个实验表明：笑声不仅能增强免疫系统，还有助于减少三种应激激素：皮质酮，肾上腺素和多巴胺代谢激素——一种多巴胺降解代谢物质。他们研究了16个参试者，这些人被随机分配到控制组和实验组（有幽默性事件发生），血压水平显示，这三种应激激素分别被减少到39%、70%和38%。因此，研究者认为幽默这一积极事件可以减少有害的应激激素。

4.可以战胜恐惧

幽默能使人看到积极乐观的一面，能改变人们对于事物的认知。笑声迫使我们在情境与反应之间作出一些缓和的步调以及创设一些必要的距离。因此，如果你能看到小时候的某件恶作剧是可笑的，那么，你童年期所受的创伤经历在你的心灵中将不再那么纠结。如果你能以自我娱乐的观点看待婚姻中的问题，那么，你便能从这一问题中解脱出来。

5.幽默使人舒适

查理·卓别林曾说："真诚地去笑吧！你将能够去除痛苦，并与痛苦嬉戏。"这大概就是为什么人们面对痛苦都采取幽默的方式加以排遣的原因吧。

6.幽默减轻疼痛

整体观医学护理杂志发表的一项研究表明，幽默的确能够减轻痛苦。"手术后，有一些病人在施以有痛苦的药物治疗之前被给予实验控制，结果相对于那些没有幽默刺激的人来说，接触幽默刺激的组群较少感到疼痛"。

7.幽默增强免疫系统

在《美国健康》杂志中，DaveTraynor在堪萨斯技术大学做过一项研究，主要集中在一个有关免疫能力是否能被幽默加强的计划，结果笑声再次被证明能够战胜病毒以及外来病毒细胞。

了解这一点，你就能明白为什么当你曾经遭遇感冒，当你的孩子跑过来告诉你今天在学校发生的趣事，你还是高兴地爬起来为你的孩子准备晚餐的原因了。

8.幽默可以培育乐观

幽默的人是爱笑的，爱笑的人是乐观的。生活中遇到的问题，他们都能以达观的心态面对，自我安慰一番，也就没有什么大不了的。

所以，如果一个人能对他以前的不快记忆或者当前的痛苦事件，以幽默应对处理，就可以改变他的认知观点，不时让生活中到处充满微笑，这样人们便可以更有效地去减轻苦难。

塔木德启示

可以说，幽默是趣味生活的添加剂。因为生活中存在着幽默，关键是你能不能发现它，并且用幽默的语言来解释它，如果你这样做了，你的生活就会更加充满乐趣。

四、平平淡淡才是真，用冷静和理智的眼光关注婚姻

自古以来，“爱情”都是人们谈论的话题，由此成就了无数个凄婉哀怨让人断魂的爱情经典。那些美丽的爱情经典故事常常为我们津津乐道。但奇怪的是，我们很难发现有经典的婚姻故事。爱情总是那么轰轰烈烈，但最终却被由细节组成的琐碎的婚姻打败了，再伟大的爱情弹指间也会灰飞烟灭。于是乎就有了一种流行的说法——婚姻是爱情的坟墓。因为婚姻，曾经的亲昵、曾经的山盟海誓已经渐行渐远。其实原因很简单，没有很好的处理婚姻和爱情的关系。其实，真正的爱情是融入平淡的婚姻中的，让爱情常驻的方法就是：改变心态，享受平淡的真情。

我们都知道犹太人看重人与人之间的情分，在《塔木德》有这样的话：“男人要离开父母，与妻子连为一体。没有妻子，活着就没有欢乐，没有赐福，也没有仁慈。”犹太人尊重妇女，男人更尊敬家庭中的妻子，犹太人更教导人们学会享受平淡的爱情。

在犹太人的眼中，爱情不会像婚姻那么长久。因此，他们坚决反对热恋，但不否定恋爱。《塔木德》说：“人不能隐藏三件东西：咳嗽、贫穷以及恋情。”但又认为：恋情愈炽热，恋爱的生命愈短。犹太人完全用冷静和理智的眼光关注婚姻。洛克菲勒说：“爱情就像一粒种子，到时它就会成长、开花。我们不知道开的是什么花，但是，它肯定会开花。”这是一位商界大亨对爱情独特的见解，实际上，这句话的含义也很简单：对于爱情和婚姻，我们不要总是抱着轰轰烈烈和追求激情的态度，因为平平淡淡才是真。

洛克菲勒的大女儿叫伊丽莎白，她的丈夫叫马克。曾经，他们是非常相爱的情侣，结婚后的一段时间，他们的感情似乎出了一点问题。

一个周末的早上，洛克菲勒想起去看看自己的女儿。可是进门后，他发现只有马克在家，马克告诉洛克菲勒，最近几个周末伊丽莎白都是待在公司不愿意回家。从马克的话中，洛克菲勒能听出他的一些不满。洛克菲勒觉得是时间找女儿谈谈了。

接下来，他来到公司，想约女儿一起吃饭，并乘机同她好好谈谈。可他惊讶地发现伊丽莎白对侍者表现出鲁莽、粗暴的态度，与平时彬彬有礼、温柔体贴的她判若两人。洛克菲勒觉得女儿最近的情绪很不好，这表现出她满脑子都是工作，以至于对日常生活中必须尽到的其他责任，如感情、欲望等都不在乎了。

交谈中，伊丽莎白告诉父亲："爸爸，我现在总是很烦躁，尤其是回到家。马克越是对我好，我越是讨厌他，怎么办呢？"伊丽莎白垂着头，向父亲倾诉着。

洛克菲勒握住女儿的手说："亲爱的女儿，我想说的是，你应该检查一下自己最近的心态了。不错，平时我告诫你们要努力工作，但这并不意味着你们要忽视身边的亲人。你确实过分地恃宠于亲人的好意，尤其是马克的支持、协作及爱情。成功、知识、经验都不能在这种错误中保护你，谁也保证不了你不受其害。马克的好我一直看在眼里，你看这段时间，他一直在迁就你，按照你的情况来安排工作，他还承担80%的家务。一对好伴侣在有紧急和特殊情况时，一人不惜负担起两人的责任，这个时候一般彼此都无条件地乐意代劳。这就是同甘共苦，所谓婚姻生活就是这么一回事。可是，不管是多么爱妻子或丈夫，永远承担不公平责任的配偶恐怕是没有的。如果你认为你的丈夫是主动地承担起责任的话，那是因为你的目光还不够明亮。"

伊丽莎白摇摇头说："无论如何也找不到当初的激情了。你知道，当初我和马克是多么地相爱呀！"

洛克菲勒明白女儿的想法，接下来他说："这个，我怎么说呢？我与你母亲的婚姻算是美满幸福的，可大多数时候我们的生活还是很平淡的。事

实上，平时我也能看到那些老夫老妻在一起，他们已经经历了流年，可是还是那么相爱，为什么呢？因为他们做到了包容，经过了一种爱的转化，经历了激情最终到彼此的习惯，两个不同的人、两种不同的风度、两种不同的意识走到了一起，并一起分享生活。他们看起来各自不同，其实早已融为一体。”

“或许真是这样，”伊丽莎白将目光投向窗外，“我应该与马克出去度一次假了，我们好久都没有享受两人独处的时光了。”

的确，洛克菲勒说得对，婚姻是一种转化。爱情就像一粒种子，到时它就会成长、开花。我们不知道开的是什么花，但是它肯定会开花。如果你的选择是精心而明智的，爱情的花朵将会是美丽的；如果你选择的时候不用心或判断错误，爱情之花就不会完美。

现代研究表明，爱情极易在男女婚后18至30个月后消失，俗称“爱情昙花症”。它严重影响夫妻之间的感情与和睦的家庭生活。婚姻中，当起初那份心灵的悸动被烦琐的生活逐渐磨灭时，你意识到了吗？如果意识到了，那么，到底怎么为爱情保鲜呢？

结婚后，夫妻天天生活在一起，每天重复着同样的事情，没有一点激情，久而久之，彼此会产生乏味的感觉。其实，这种厌倦的产生很多时候是因为我们没有以正确的心态看待婚姻。婚姻需要包容和呵护，当彼此融为一体的时候，你们的婚姻也就“修成正果”了。

塔木德启示

婚姻是什么？贫穷不可以忍受，富裕不可以共享，平淡无奇却很难忍受。结婚几年过后，你们之间是不是已经毫无激情，剩下的只是无休止的争吵？你可曾反省过，你曾用心呵护过你的婚姻吗？

第13章

抓好教育，孩子是家庭和社会的未来

“人类有三个朋友：小孩、财富、善行。”这是犹太社会流传的一句极为睿智的格言。这里所说的人类指的是犹太民族。犹太人十分重视孩子的教育，他们认为，“没有学童的城市终将衰败。”孩子是家庭和社会的未来，在犹太人看来，对孩子的教育，如品质、学习习惯、艺术爱好等，一定要从小就抓起。另外，犹太人的很多教育思想和理念都是我们所应借鉴和学习的。

一、孩子的早期教育要趁早

我们都知道，犹太人重视知识、重视智慧、重视教育。在这些文化传统的影响和长期的教育经验的引导下，犹太人总结出了一些教育观念。他们认为，对于年幼的孩子来说，最重要的是教育而不是天赋。孩子的天赋是有差异的，然而这些差异是有限的。即便是那些只有一般禀赋的孩子，只要教育得法，也能成为非凡的人。也就是说，对于人们生活中常常提到的早期教育，犹太人认为要重视，这是决定孩子未来是否能够成才的重要因素。

然而，在现代社会孩子教育这一问题上，不少家长认为，培养孩子的某一方面的特殊天赋，应该在孩子成长到一定阶段后才开始。事实上，这种观点是错误的。一个人，随着年龄的增长，他对周围的环境会越来越适应，身体机能也随之发生了相应的变化，内在能力会逐渐消退。因此，专家认为，早期教育很重要，最好在孩子0岁就开始。

大量的科学研究表明：儿童的潜能培养遵循一种奇特的规律——天赋递减规律。即儿童的天赋随着年龄增大而递减，教育得越晚，儿童与生俱来的潜能就发挥得越少。

我们每个人，自从来到这个世界开始，就具有某种潜在的能力。而在我们出生后的前几年，正是开发和挖掘这种潜能的最佳时期。假如我们把一个孩子生来就有的潜能以100分来计算，从5岁开始教育孩子，那么，他长大以后可能有80分的能力；从10岁教育，就只能达到60分；而从15岁才开始教育的话，孩子的能力还能不能被挖掘出来则尚未可知。

也有家长认为，如果一个孩子真的有天赋，他就并不需要进行特别的教育。事实上，人的大脑在刚开始发育时是大脑感应度最强的时期，随着年龄的增长，感应度开始逐步减退，如同绷紧了的弦一样慢慢松弛下来。

生物学家达尔文曾经遇到过这样一件事：

一天，他接待了一位美丽的少妇，这位少妇带着自己的孩子来拜访达尔文，希望达尔文能就育儿问题给自己一些建议。

“啊，多漂亮的孩子啊！几岁了？”看到这么漂亮可爱的孩子，还没等少妇开口，达尔文就高兴地问夫人。

“刚好两岁半”，少妇诚恳地对达尔文说，“你知道，当父母的都希望孩子以后能有出息。你是个杰出的科学家，我今天特地带孩子来求教，请问针对孩子的教育什么时候开始才好呢？”

“唉，夫人，很可惜，你已经晚了两年半了。”达尔文惋惜地告诉她。

从这个故事中，我们能看出来，孩子的早期教育一定要越早越好。就学习外语而言，如果你的孩子在10岁以后才接触英语，那么，即使他的笔试成绩很好，口语绝对不纯正。甚至不少专家认为，如果一个孩子不从5岁开始练钢琴，那么，他就不可能在钢琴艺术上达到很高的境界。而小提琴的最佳学习年纪则更早，专家认为是3岁。也就是说，早期教育能造就天才，儿童的能力如果不在发展期内进行培养，就会出现潜能递减的现象。

当然，家长在对孩子进行早期教育时，还需注意两个问题：

1.不能拔苗助长

一些家长对孩子期望太大，害怕孩子输在起跑线上，因此，在孩子学龄前，他们就开始对孩子进行各种智力投资，让孩子学这学那。重视孩子的早期教育是好事，但如果太过心急，反倒会起反作用。

2.注意方法，最好能寓教于乐

在生活中，有一些父母在孩子很小的时候，就想让孩子识字。但他们却不讲教育方法，仅在纸上写几个字，让孩子照葫芦画瓢，进行模仿。这样教育，孩子毫无兴趣，自然也学不好。父母便认为孩子是在偷懒，往往采取惩罚的手段。这样的教育方法，只会让父母累，孩子苦，收效甚微。还会造成孩子的叛逆心理，将来上了学后，也会对学习发怵，甚至出现逃学行为。

因此，对孩子进行早期教育，我们一定要重视方法，最好能寓教于乐。

因为对于婴幼儿阶段的孩子来说，他们本身大部分的时间都是在玩中度过的。因此，当你的孩子开始在草地上摸爬滚打的时候，千万不要喝止孩子，这是引导孩子掌握平衡性和灵活性的最佳时期。如果你的孩子大一点了，你可以放手让他和同龄孩子参加游戏。这样，在玩乐中，孩子智力、想象力、创造力和人际交往能力等都得到了锻炼，且这些都是将来接触社会时所必须掌握的。

因此，让孩子在婴幼儿时期有充分的玩的机会，对于孩子的智力和非智力因素的发展都是极为重要的。同时，也能避免孩子出现某些身心障碍。

塔木德启示

很多父母没有意识到儿童的智力发展是遵循天赋递减法则的，因此，早期教育是开发儿童潜能的必要方式之一，早期教育更容易造就天才。作为父母，你要知道，越早对你的孩子进行教育，越早开发他们的潜能，孩子成功的概率就越大。但同时，我们也要注意方式方法，不可操之过急。

二、在孩子幼小的心里播下善良的种子

人们常说：“人之初，性本善”，孩子的本性是善良的。孩子在小的时候，总是会对周围发生的不公正事情产生情绪，善良是孩子天性。但在后来的成长中，一些父母往往会给孩子进行一些特殊的教育，例如：灌输“社会如何尔虞我诈”“人与人之间如何勾心斗角”“别人打你，你也打他，打不过就咬”“咱们宁可赔钱，也不能吃亏”……这是现在很多父母在教育孩子时经常说的话。也许父母的本意没有错，即告诫孩子学会保护自己，小心上当。可是这些父母都忽视了对孩子进行善良教育。特别是孩子的母亲，要用自己的爱，教育孩子“从善如流”，让孩子从小培养博爱、同情与宽容等品德。

犹太人在教育孩子的过程中，会告诉他们："善待他人就是善待自己，虽然这是一种无限制的付出，也能得到应有的收获。"犹太智者拉比曾说："要敏于事尊，宽以待下，要欣然对待每一个人。"犹太人教育孩子，善待他人是人类最美好的品质，一个与人为善、从善如流的人，总会受到人们的称赞和尊重。如果世界上全都是善待他人的人，那么世界将变得多么美好，世界就会充满爱。

在犹太人看来，每个孩子都具有一些善良的天性，但仍然需要后天日积月累的培养，这就需要父母加以引导。

陈宇是个很懂事、很善良的女孩。她善良的性格，是从很小的时候，爸爸就开始教育的。爸爸常常给陈宇讲故事、讲历史。陈宇至今保存着两块珍爱的徽章，一块上面写着博爱，一块上面写着天下为公，她常常将它们别在胸前。那是小时候爸爸送给她的。爸爸希望她长大成为一个爱自己的国家、爱自己的民族、有社会责任感的人。他告诉陈宇，人不能光为自己活着。要像孙中山先生等志士仁人一样，以天下为己任。

上学后的陈宇，在学校里乐于助人是出了名的。只要班上有请病假的同学，不管晚上放学多迟，天气多恶劣，陈宇都要去同学家帮助他（她）将落下的功课补上。但有一次，陈宇自己病了，却没有一个同学主动来看她，这使善良的陈宇非常伤心。父亲最懂女儿的心思，他严肃地抓起陈宇的手告诉她：咱们不应计较别人的回报，不是为了得到而付出，而是为了让这社会更美好。

陈宇的爸爸说，陈宇和所有的孩子一样，原先只是一张白纸。她的好品质是一点一滴积累而成的。父亲只是起了启发熏陶的作用。

的确，孩子的善良是从小形成的，孩子这一张白纸，需要父母用心去描绘。那么，家长该怎样让孩子从小保持一颗善良的心呢？

第一，父母之间相互爱护。

这能让孩子感受到家庭之爱，从小生活在这种环境中，会让孩子有一颗积极、温暖的心，父母的一言一行都影响孩子的态度。从父母恩爱、彼此尊重的家庭里走出来的孩子，更懂得去爱别人，他们对家人温和亲热，对外人也谦让有礼。

第二，父母要从自身做起，要富有同情心和爱心。

这样才能把善良的根植入孩子的心中。涓涓之水，汇成江海，爱的殿堂靠一沙一石来构建。自小给予孩子同情和怜悯的情感，是在他身上培植善良、仁爱之情。孩子最初的同情之心和怜悯之心是成人同情之心和怜悯之心的反映。所以，父母同情别人的言行会深深打动儿童的心灵，感染和唤起孩子对别人的关心。

比如，在公共汽车上，家长对孩子说："你看，那个阿姨抱着小弟弟多累呀，我们让他们坐到这里来吧。"邻居老人生病，家长带着孩子去探望问候，帮老人做事。新闻报道有人缺钱做手术，生命垂危，家长带孩子去捐款，献上一份爱心……经常看到大人是怎么同情、关心、帮助他人的，对于培养孩子的善良品质最好不过了。平时让孩子把自己在痛苦时的感受与别人在同样的情境下的体验加以对比，体会别人的心情，可以使儿童学会理解别人，学会移情。例如：看到小朋友摔倒了，家长启发孩子："想想你摔倒时，是不是很疼？小朋友一定很难受，快去扶起他，帮他擦擦脸。"某地发生灾情，家长可引导孩子："那里的小朋友没有饭吃，很饿；没有衣服穿，冷极了。你想想，如果你也在那里，会怎么样？我们去捐点衣服、食品送给灾区的人吧！"……

父母对周围人应表现出真挚的同情，并帮助我们身边正在遭受痛苦和不幸的人。父母还应以自己的善良感染和陶冶孩子，在孩子的心中撒播善良的种子。要热忱支持孩子的献爱心活动，为了培养孩子的爱心，学校、社会和家庭要共同创造条件，形成合力。

第三，父母要学会关爱孩子。父母先学会关爱孩子，才能让孩子关爱别人。可以采取以下几种办法：

（1）随时关心孩子成长和身心发展的状况。

（2）尊重孩子的个性，维护他们的自尊与荣誉感。

（3）给予孩子的帮助与言行，必须具有正面意义。

（4）确实了解孩子以后，再给予正确的引导与协助。

（5）无论多忙，一定要抽出时间跟孩子谈天，建立亲密的感情。

总之，家长平时注意对孩子一点一滴的培养，一言一行的引导，在平时生活中关注孩子，培养孩子的善心，仁慈博大的爱心，就会在孩子心头扎下根，并会随着孩子的成长而不断萌发和升腾。孩子就会拥有一颗仁爱之心，爱父母、爱朋友、爱家乡、爱祖国！

培木德启示 一个健康的孩子就好比一棵树，必须以善良为根，正直为干，丰富的情感为枝丫，才能结出美丽善良的果子。孩子良好的情感及修养是人道精神的核心，必须在童年时悉心培养，否则难有效果。

三、让孩子爱上阅读

有人说，人的灵魂不能浅薄、庸俗、无聊，它永远在追求最高尚的东西。使之高尚的重要渠道就是读书。培根说：“书籍是在时代的波涛中航行的思想之船，它小心翼翼地把珍贵的货物运送给一代又一代。”书是使人类进步的阶梯，是智慧的殿堂，珍藏着人类思想的精萃，是集聚金玉良言的宝库。

对于正在求知的孩子来说，阅读是一个非常好的途径，可以增长见识学问，拓展思路，改变思维习惯，促进个人进步。作为父母，我们也希望孩子能爱上阅读，养成阅读的习惯。然而，我们发现，有些孩子却不喜欢阅读，认为读书是一种折磨，或者爸妈强加给自己的处罚。他们并没有享受阅读的过程，也没发现书中的乐趣。对此，需要父母的引导。那么，犹太人是怎么做的呢?

在孩子刚懂事的时候，犹太家庭的母亲会在《圣经》上涂抹一层蜂蜜，让孩子去亲吻书本，以此让孩子认识到书本是甜的。在不到500万人的以色列，有100多万人办有图书证，平均每4人就有一个图书证。年满14周岁的人平均每月要读一本书。书籍对于犹太人来讲远远超出了黄金和宝石的价值。

这里，需要提及的是，以色列的书籍很多，图书馆基本上是免费开放的。所以图书馆的场面可以用人满为患来形容，而其中最多的是能启迪人思

想的哲学类书籍。

正因为有了热爱读书的习惯，犹太民族中才有了层出不穷的哲学家和科学家，如黑格尔、费尔巴哈、马克思、爱因斯坦、奥本海默、巴菲特等。

求知上进的精神永远是值得我们学习的，在教育上，我们不仅要培养学习的兴趣，而且更要启迪孩子的智慧，培养孩子独立思考的能力。

犹太人在长期的流离生涯中，经常研读经文。除此之外，他们阅读各种书籍，即使是那些攻击犹太民族的书，他们也不排斥。古时候，犹太人的墓园里常常放有书本，他们认为，在夜深人静时，死者会出来看书。

犹太人爱书的传统由来已久。众人皆知的股神巴菲特就是犹太人爱学习、爱阅读的代表，他每天都会阅读至少五份财经类报纸，了解财经新闻，以此增加自己的财经知识。

在犹太人看来，如果孩子发现读书是一种有趣而且顺利的体验，家长就更应当在他心中植入读书的欲望。具体的做法是，每天读书给孩子听，帮助孩子养成定时阅读的习惯。

但实际上由于很多原因，孩子在很小的时候对书籍的好奇以及兴趣经常被以父母为中心的家庭教育扼杀了。有些家长认为："孩子应该把精力放在学习上，阅读太多会影响学习"，他们忽略了对于孩子情商的培养也同样重要。读书使人明智，孩子的气质很大一部分是从书中获得的。当孩子与人交谈，能娓娓道来、引经据典时，孩子便能获得别人的赞赏。我们先来看看下面故事中的妈妈是怎么教育女儿的：

我在一家私营企业担任会计，每天有干不完的事情，但即便这样，我还是不忘对女儿的教育。女儿今年6岁了，年初，我就和老公商量，谁有时间，谁就要带女儿去图书馆。刚好，最近我在电视上看了一个'书香润童年'的活动，主要是倡议我们鼓励孩子多看书。还记得我读书的时候，第一次上古代汉语课，教授说他这辈子第一次去首都北京，最难忘的不是天安门，也不是长城故宫颐和园，而是首都图书馆。他说当他走进首都图书馆的大门，立刻就被知识的力量震撼了，浩瀚的知识的海洋把我们衬托的如此渺小。

'学无止境'，这就是图书馆给我们的感觉。这天周末，我说去图书馆，女儿一脸的兴奋。不错，小家伙对读书不排斥。来到图书馆，我先办了读书卡，然后对女儿说："小白，进到图书馆里面一定不能大声说话，因为叔叔阿姨们都在安静的读书学习，声音太大会影响别人。你要像楼下的小妹妹睡着了那样，轻轻地走，小声地说"。女儿用力地点点头"嘘"了一下。

看了一下图书馆的布局图，我发现儿童读物在三楼。走到三楼阅览室，我再次对女儿"嘘"了一下。女儿非常配合，静静地随着我穿过一排又一排的书架，最后找个位子坐了下来。小家伙找到自己喜欢的读物后，就乖乖看起来。

到下午五点的时候，我提醒女儿该回家了，她才依依不舍地离开图书馆。我问女儿有什么感受，她说："妈妈，以后我们可以不可以自己盖一个读书馆，里面放好多好看的书。"我知道，我们这一次图书馆之行起作用了，女儿爱上读书了。

从这个故事中，我看到了一对母女的图书馆之旅。可以说，从小出入图书馆的孩子都有着特有的气质，因为读书是一项精神功课，对人有潜移默化的感染。这种特殊的气质，就是由连绵不断的阅读潜移默化而成的。因此，即便你的孩子没有特殊的天赋，只要你经常带他出入图书馆，教会他学会阅读，进入浩瀚的书海，他就能获得新生，就会变得越来越自信，变得越来越富有知识和涵养。

为此，作为父母，我们需要做到：

（1）如果你的孩子不爱读书，你需要了解孩子不爱读书的原因，是因为识字量不够，还是对内容不感兴趣。如果是识字量问题，可以先引导孩子听书，让他感觉书里的很多事有意思，再来看书。当孩子对书籍感兴趣了，就会愿意去图书馆。如果是内容问题，你可以从孩子感兴趣的内容入手，逐渐扩展。

（2）去伪存精，为孩子挑选健康、积极、有益于身心发展的书刊。

我们不得不承认，现在市场上充斥着各种书刊。并不是任何书目都是适合孩子阅读的，要找那些真正有品位、适合鉴赏的书籍来读。

（3）注意培养孩子的阅读方法。

当孩子年纪还小、无法识别很多文字的时候，要教育孩子带着感情阅读，这样有利于培养孩子的表达能力以及想象力。父母可以选择大号字体印刷的书籍，或者指着文字大声朗读，来帮助孩子阅读。在读书的时候孩子会跟着进入书中的情节，很快就会认识很多生字，并能够进行独自阅读。

（4）阅读时，不要忽视身体语言的作用。

模仿是孩子学习的主要方式之一，父母可以将书中的内容用丰富的肢体语言表演给孩子看，孩子在模仿的过程中就会更好地理解书中的内容，并激发想象力。睡前阅读是最佳阅读时机，幼儿的浅睡眠时期最容易进行无意识记忆，因此睡前的阅读一定要把握。

（5）为了增强和激发孩子阅读的兴趣，建议家长将书本上的知识与生活认知结合起来。

在和孩子一起读过海洋动物书后，可以带他去海洋馆看看海豹到底是什么样子；看过植物书后，可以和孩子一起去野外认识各种可爱的植物。这样就可以使阅读变得更有趣，孩子的读书兴趣就会逐渐建立起来。

塔木德启示

让孩子爱上阅读并不是什么难事，关键是家长要知道让孩子读哪类书，还要进行有目的的引导，只有这样，孩子才能够不负家长的期待爱上读书。

四、每个孩子都有音乐才能

有人说，音乐是人类最美好的语言。听好歌，听轻松愉快的音乐会使人心旷神怡，沉浸在幸福愉快之中忘记烦恼。放声唱歌也是一种气度，一种潇洒，一种解脱，一种对长寿的呼唤。

自古以来，犹太人就以酷爱音乐著称。在犹太教中，音乐占据着非常重要的位置。犹太人除了读书外，对于有条件家庭的孩子，学习音乐也是最基本的。

犹太人特别喜欢学习小提琴，所以出名的小提琴家也很多。世界一流的小提琴家就有帕尔曼、祖克曼、明茨等。除了小提琴，犹太民族还向世界贡献了众多优秀的音乐家，如波兰作家兼音乐家瓦迪斯瓦夫·希皮曼、西方现代主义音乐代表人物安诺德·动伯格等等。

犹太人认为，小孩一生下来就有不同程度的音乐才能，他们会感知韵律和节奏。因此，每个家长都应有意识地为孩子提供学习和欣赏音乐的机会，让孩子多接触音乐，让孩子融入艺术世界，在艺术殿堂中发展个性、培养美感、完善自我。

爱因斯坦说过“假如没有早期音乐教育，干什么事，我都会一事无成”，是音乐开启了他的天才智慧，是音乐让其事业达到顶峰。一位犹太教育家告诫家长，对孩子的音乐学习，不要有什么顾虑，不要怕影响学习。在孩子低年级时，作业负担不重的情况下，让孩子们广泛接触音乐不但不会影响学习，反而有助于发展想象力和理解力。

我们发现在生活中，那些爱音乐的人总是生活得恬淡、舒适，总是能将自己置身于静谧的世界中。的确，任何人，在经过音乐艺术的熏陶后，都能拥有恬静的内心。很多孩子在很小的时候就喜欢唱歌，但这种天性似乎随着年龄的增加逐渐被磨灭了。很多家长认为，学习才是最重要的，对音乐的爱好成了一种奢侈。

我们先来看下面故事中的父亲与女儿的第一次音乐厅之行：

我平时工作很忙，公司的事我都要亲力亲为，但我尽量抽时间和女儿待在一起。前段时间带女儿逛图书城，回来时在出口取了份文化艺术中心的活动简介，回家后上网搜了搜，发现有场小提琴演唱会，感觉不错，适合带女儿去听听，后来因忙于工作暂且搁置了此事。近日又在网络上看到这场音乐会售票活动，想到女儿对音乐还比较感兴趣，也想让她多接触、熏陶一下。其实，我曾经就是个小提琴手，只是后来各种因素让我逐渐搁浅了这项爱好。毫不迟疑地，我订了两张票。

去听音乐会前的当天下午，我找了些晚会经典的曲目播放，让她仔细的听，看看画面里描述了哪些主题场景，以便略知一二，不会在真的听音乐时不知所云，另外，在音乐会开场前，我们提前10分钟就到了，这样，一来不会误时，二来让孩子适应周围环境。

晚上的音乐会女儿都能很认真听，很仔细看。时不时用小手打着节拍，比划着小提琴手拉琴的动作，这已经让我感到欣慰了。

欣赏音乐，到音乐会现场和在家看是不一样的。音乐会是视觉与听觉的综合作用，能潜移默化地培养孩子气质和全面素质。如以后有合适的演出我还想带她来，不指望学成什么，只是让她有个良好的艺术氛围，这样的艺术熏陶真的会给人美的感受。

故事中，这位父亲就是个懂得培养女儿音乐素养的人。的确，带孩子欣赏音乐能熏陶孩子的艺术气息，扩大孩子的视野，丰富孩子的阅历。

1.给孩子独立欣赏音乐的机会

如果你发现孩子正在为某个声音或者一首曲子听得出神时候，不要打断他，让他静静地听。

2.带孩子感受音乐要趁早

孩子在四五岁的时候，其实已经能感受到音乐作品是表达一定思想内容，并能正确地辨认音乐作品体现的情绪，感知其细微之处。也能明确表露自己喜欢不喜欢音乐作品。因此，听音乐的目的无论是开发孩子的音乐潜能，还是为了熏陶他的艺术气息，父母都要趁早“行动”。不少音乐厅甚至两岁以上的儿童都可以入场，用意很明显，就是“从娃娃抓起”“早播种”。音乐除了怡情、养性，还能益智。

3.为孩子提供音乐学习的条件

如果你的孩子爱好音乐，想学习某种乐器，千万不要因为经济条件不好而舍不得给他买，也不要认为孩子的想法是浪费金钱。要知道，你的一次吝啬，可能会让孩子的前程变得暗淡，甚至影响到他独特气质的形成。

4.鼓励并赞扬孩子学音乐

如果你的孩子向你问及对他练习一段的音乐意见时，你要放下手中的事，给他正面的鼓励和赞扬，使他有继续学习的动力，不把这个问题给他踢回去。

5.和孩子一起感受音乐的美妙

如果你发现孩子不是很喜欢音乐，那么，为了培养孩子安静的气质，你也有必要对其进行引导，你可以进入孩子的世界，和他一起沉浸到音乐的氛围中。因为父母是孩子的第一任老师，孩子的很多兴趣爱好是培养出来的，一旦成为习惯，孩子就很容易客观平静地看待自己，从而形成一种音乐般的性格和气质。

6.父母应把幼儿音乐培养、激发音乐兴趣放在首位

听音乐的根本目的是更好地促进儿童的发展，是融音乐教育于生活、游戏之中，绝不是音乐知识和技能的反复操练和巩固。

培木德启示

音乐是心灵中最为积极的元素，它会使内心的杂乱无章与其共鸣，如同舞蹈般在人的灵魂中欢快地跳跃。经常感受音乐力量的孩子总能保持心灵的宁静，多一份圣洁与执着。身为父母的我们，都要为孩子提供学习和欣赏音乐的机会！

第14章

信仰的力量，学习犹太人自强不息的精神

纵观犹太民族的历史，我们发现，支撑犹太民族生存下来并且获得发展的，是他们的信仰，因为信仰的存在，犹太人总是能自强不息、超越痛苦，获得新生。的确，信仰是指路明灯，是前进动力。信仰可以给人带来积极向上的力量，也可以给一个国家和民族带来星火燎原的希望。而作为我们自身来说，我们也要记住，很多时候打跨自己的不是别人，而是你自己。人生路上，难免遭遇磨难，我们不要把一次的失败看成是人生的终点，世上没有一帆风顺的事，抱有信仰，心怀向上的信念，你就能实现自我超越。

一、什么是摩西十诫

提到犹太人，就不得不提摩西十诫，“摩西十诫”作为《圣经》中的基本行为准则，流传了下来，影响深远。它是以色列人一切立法的基础，也是西方文明核心的道德观。那么，什么是摩西十诫呢?

《圣经》中记载，由于移居到埃及的犹太人劳动勤奋，并且以擅长贸易著称，所以积攒了许多财富，这引起了执政者的不满，另外加之执政者对于以色列人的恐惧，所以法老下令杀死新出生的犹太男孩，梅瑟出生后，母亲为保其性命“就取了一个蒲草箱，抹上石漆和石油，将孩子放在里面，把箱子搁在河边的芦荻中。”后来被来洗澡的埃及公主发现，带回了宫中。梅瑟长大后一次失手杀死了一名殴打犹太人的士兵，为了躲避法老的追杀，梅瑟来到了米甸并娶祭司的女儿西坡拉为妻，生有一子。梅瑟一日受到了神的感召，回到埃及，并带领居住在埃及的犹太人，离开那里返回故乡。在回乡的路上，梅瑟得到了神所颁布的《十诫》，即《摩西十诫》。

《摩西十诫》的内容是：

第一条：“我是耶和华–你的上帝，曾将你从埃及地为奴之家领出来，除了我之外，你不可有别的神。”

第二条：“不可为自己雕刻偶像，也不可做什么形象仿佛上天、下地和地底下、水中的百物。不可跪拜那些像，也不可侍奉它，因为我耶和华——你的上帝是忌邪的上帝。恨我的，我必追讨他的罪，自父及子，直到三四代；爱我、守我戒命的，我必向他们发慈爱，直到千代。”

第三条：“不可妄称耶和华——你上帝的名；因为妄称耶和华名的，耶和华必不以他为无罪。”

第四条：“当记念安息日，守为圣日。六日要劳碌做你的工，但第七日是向耶和华——你的上帝当守的安息日。这一日你和你的儿女、仆婢、牲畜，并在你城里寄居的客旅，无论何工都不可做；因为六日之内，耶和华造天、地、海和其中的万物，第七日便安息，所以耶和华赐福与安息日，定为圣日。”

第五条：“当孝敬父母，使你的日子在耶和华——你的上帝所赐你的土地上得以长久。”

第六条：“不可杀人。”

第七条：“不可奸淫。”

第八条：“不可偷盗。”

第九条：“不可做假见证陷害人。”

第十条：“不可贪恋他人的房屋；也不可贪恋他人的妻子、仆婢、牛驴，并他一切所有的。”

摩西十诫的重大意义在于把一些古老的习俗，用法律的形式确定下来，成为人们生活的一种行为规范。它实际上具有三个方面的意义，一是宗教上的，二是法律上的，三是道义上的。

第一，从宗教上来看，摩西十诫初步形成了犹太教的教规教义，乃至于后来发展成为犹太法典，这是它对西方宗教的影响。

第二，它对法律方面的第一个重要的影响就是契约精神。无论是作为人，乃至于神、上帝，都应该信守契约、尊重合同，摩西十诫本身就是，上帝为了指引逃难的犹太民族摆脱苦难，回到他们自己的故乡所达成的一个契约，犹太人必须要遵守契约，上帝才会帮助他们，帮助他们回到故乡，如果不遵守这种契约、毁约，就要遭到惩罚，同样，上帝也要遵守，这是一种人神之间签订的一种契约。那么这个中间就发展出了法律，法律文明最重要的一种精神要素，就是信守契约。第二个它对法律方面的影响，就是对于西方后来的法律文化，在司法程序上产生了重要影响，那就是它的第九条，不可做假见证以陷害人，后来西方法庭，我们发现，证人都有一个举手宣誓，保证我所讲的是真实的，而不是一种做假证，那么这个法典对司法程序，影响很大，第三个在法律方面的影响，就是个人权利和责任的明确，这种个人权利和他的法律责任的对应，是后来整个西方法律的演进当中，坚持的一个很基本的原则。

第三，从道义上讲，摩西十诫实际上又没有规定具体的条文，如果你违约了，它的具体惩罚手段、方式是什么，它实际上是作为一部宗教性的律法，它要告诉我们的是每一个人，应该在自己内心世界里面，确立起这样的一种信念——遵守法律。不仅只是你个人的、功利目的的需要，而且是遵守法律本身，就是作为一个人的一种道德担当，是一种道德的责任，这个对西方法律文明一种精神品质的影响是非常深远的。

如果你看过《泰坦尼克号》，就能了解其中的含义了。泰坦尼克号沉没了，每个人都惊慌，面临死亡谁能不惊慌，可是有一个牧师这个时候提议，在救生艇有限的情况下，我们首先要保证的是妇女儿童的生命安全，这是我们每一个人，特别是我们每一个男人最基本的一种职责、一种道义，这是上帝指示给我们的。当船沉没以后，这个牧师抓住了一块舢板没死，这个时候从另外一个方向，向他游过来的一个年轻人生命垂危，这个牧师问他："年轻人，你信主吗？"这个年轻人在这样的时候，他哪儿还看到了主的希望啊，他回答说："他不信。"这个牧师说："你从现在开始信主吧，主会救你的。"于是把自己的这一块舢板推给了这个年轻人，这个年轻人活了下来了，牧师死了。

塔木德启示

摩西十诫对犹太民族来说是意义重大的，摩西请求上帝给他指引，帮助犹太民族找到逃离苦难的道路，上帝给了他摩西十诫，而摩西后来率领他的犹太民族，也遵守了这十诫，上帝也兑现了，摩西最后终于带领他的族人返回了他的故乡，逃出了苦难。

二、了解犹太民族的苦难史

人类历史上最苦难的民族莫过于犹太民族，但也就是这种苦难造就了犹太人坚韧的性格并养成了怎么在恶劣的环境下生存的聪慧头脑。比起聪明，没有哪个民族与其比肩。

犹太人的发源地最早并不是今天的巴勒斯坦一带，而是两河流域地区大致相当于今天的伊拉克。后来在亚伯拉罕的带领下迁移到流着奶和蜜的地方——迦南地。其实迦南就是今天的巴勒斯坦地区。犹太人迁居到迦南距今4000多年的历史了，他们在巴勒斯坦过着富足的日子。但到了亚伯拉罕的孙子雅各时期，巴勒斯坦地区遇到严重的干旱，给人民带来了沉重的灾难，为了延续种族，雅各的族人开始和希克索斯人侵略了埃及，但好景不长。埃及的法老率领大军在200多年后卷土归来，重新收复了领土。而犹太人还没有醒悟过来已成了埃及人的阶下囚。从此，他们过上了奴隶般的日子，并受到了法老的种种剥削和压榨。

对于苦难，犹太人开始祈求神灵的帮助。这个时期有个人物出现了，那就是摩西。前面章节中，我们已经介绍过，他为犹太人带来了身上的摩西十诫。

摩西的后人在巴勒斯坦地区并不是过着安定的日子，他们曾经被亚述人、巴比伦人、波斯人、希腊人侵略过。每一个外来民族都足以让这个苦难的民族受到覆灭的境地，但他们依靠对上帝的祈祷，依靠能战胜一切困难的信念始终生存了下来。

对于犹太人来讲，最严重的还不是屡次被侵略。而是公元1世纪时期遭到罗马人血洗和现代史上法西斯对其的种族屠杀政策。

公元2世纪的罗马，版图达到最大，国力强盛，开始蚕食周围的国家，所以巴勒斯坦地区不可避免地成为了罗马人侵略的对象。在罗马征服巴勒斯坦的过程中，犹太人再次迁移了，他们向西渡过地中海来到西欧国家。但由于是外来的民族，西欧的封建主不允许他们拥有土地，只允许其从事低贱的行业。和我们古代一样，当时的西欧也存在着重农抑商的观点，所以犹太人只能搞起了小买卖养家糊口。也就是这样的苦痛和如此的历史机遇造就了犹太人善于经商的头脑。很快，犹太人变得有钱了，而且随着西欧资本主义萌芽的出现和发展，一部分犹太人逐渐的成为了上流阶层。这就势必会威胁到西欧本土新兴资产阶级的利益，所以西欧国家的人民开始产生一种“排犹情绪”。他们总想着把犹太人给赶走。由此，我们可以联想一下，希特勒屠杀犹太人为什么能获得成功，人们为什么对屠杀无动于衷，这是长期的历史原因造成的结果。

在欧洲人的排斥中，犹太人再次逃离，他们开始迁居到美洲国家和东欧国家。据史料记载，“二战”前后犹太人聚集最多的国家是美国和波兰。当然迁居到波兰的犹太人是最倒霉的，因为希特勒挑起“二战”的事件就是吞并了波兰。希特勒在整个“二战”期间屠杀的犹太人足有600万人。

“一战”后，英国开始支持犹太人在巴勒斯坦地区建立自己的国家，并得到了美国的支持。1948年，几十万犹太人从世界各地辗转来到巴勒斯坦地区建立了以色列国家。可建国后的第二天战争就爆发了。因为受到罗马的侵略后，犹太人走了，但阿拉伯人来了。并且在此居住了1300多年了，因此阿拉伯人反对以色列在自己的领土上建国。这就是著名的中东问题，也就是巴以冲突。

到今天，巴勒斯坦的局势仍是动荡不安。以色列国家尽管得到西方大国的支持，但总是会受到阿拉伯国家的威胁。

塔木德启示

在历史上，犹太人虽然是弱小民族，他们曾在历史上饱经蹂躏，但却能在战后获得独立并在经济上迅速发展起来，并有着过人的智慧，这都是我们应该研究和从中反思并应获得启发的。

三、信仰超越一切

在生活中的任何人都有自己的梦想，都希望成功，成功是人们追求的永恒目标，但无论你选择什么目标，你都要有勇气，要勇往直前。在这条路上，你不但要拥有坚韧和耐心，还要做到放眼未来，坚定必胜的信念。这样即便再苦、再累，也会勇敢地与困难拼搏，那么，就一定能有所成就。成功的人之所以能够成功，就是因为他们有坚韧不拔的毅力，能看到困境中的希望，并把失败化作无形的动力，从而最终反败为胜。

“相信自己会得到”就是一种信仰和信念，犹太人之所以能从民族驱逐和迫害中生存下来并且回到自己的故乡，并拥有令人称羡的财富，来源于他们的信仰，他们信仰上帝，相信只要遵守和上帝的约定，就能获得幸福。

因此，在生活中的人们，也许你现在还站在穷人的行列，被周围的人嘲笑，也许你受了很多苦，但无论你遇到什么，如果你内心有目标，就绝不可轻言放弃。

很久以前，在一个偏僻的小山村里，有一对堂兄弟，他们年轻力壮，都雄心勃勃。他们渴望成功，希望有一天能够成为村里最富有的人。

一天，村里决定雇用他们二人把附近河里的水运到村广场的水缸里去。这对他们来说真是一份美差，因为每提一桶水他们就能赚取一分钱，这在小镇上来说是最好的工作了，于是两个人都抓起两只水桶奔向河边。

“我们的梦想实现了！”表哥布鲁诺大声地叫着，“我们简直无法相信我们的好福气。”

但是表弟柏波罗不是非常确信。他的背又酸又痛，提着那重重的大桶，手也起了泡。他害怕明天早上起来又要去工作，他发誓要想出更好的办法。

几经琢磨之后，表弟决定修一条管道将水从河里引到村里去。他把这个主意告诉了表哥，但是表哥觉得他们现在做着全镇最好的工作，不愿意花那么长的时间去修一条管道。

柏波罗并没有气馁，他每天用半天时间来提水，半天时间修管道，并且始终耐心地坚持着。

布鲁诺和其他村民开始嘲笑柏波罗，布鲁诺赚到比柏波罗多一倍的钱，炫耀他新买的东西。他买了一头驴，配上全新的皮鞍，拴在他新盖的二层楼旁。

布鲁诺买了亮闪闪的新衣服，在乡村饭店里吃可口的食物，村民们称他为布鲁诺先生。当他坐在酒吧里，为人们买上几杯酒，而人们为他所讲的笑话开怀大笑。

当布鲁诺晚间和周末睡在吊床上悠然自得时，柏波罗还在继续挖他的管道。头几个月，柏波罗的努力并没有多大进展，他工作很辛苦，比布鲁诺的工作更辛苦，因为柏波罗晚上和周末都在工作。

一天天，一月月过去了。表弟柏波罗仍然没有放弃，完工的日期越来越近了。

在柏波罗休息的时候，他看到布鲁诺在费力地运水，布鲁诺比以前更加的驼背，由于长期劳累，步伐也变慢了。布鲁诺很生气，闷闷不乐，为他自己一辈子运水而愤恨。

布鲁诺开始较少的时间在吊床上，却花很多的时间在酒吧里。当布鲁诺进来时，酒吧的顾客在窃窃私语："提桶人布鲁诺来了。"当镇上的醉汉模仿布鲁诺驼背的姿势和拖着脚走路的样子时，他们"咯咯"大笑。布鲁诺不再买酒给别人喝了，也不再讲笑话了。他宁愿独自坐在漆黑的角落里，被一大堆空瓶所包围。

最后，柏波罗的大日子终于来到了——管道完工了！村民们簇拥着来看水从管道中流入水槽里！现在村子源源不断地有新鲜水供应了。附近其他村子都搬到这个村子里来，村子顿时繁荣起来。

管道一完工，柏波罗不用再提水桶了。无论他是否工作，水源源不断地流入。他吃饭时，水在流入；他睡觉时，水在流入；当他周末去玩时，水在流入。流入村子的水越多，流入柏波罗口袋里的钱也越多。

管道人柏波罗的名气大了，人们称他为奇迹创造者。

人们常说，鱼与熊掌不可兼得，其实，做任何事情都是如此，想要日后达到目标，现在就要忍受痛苦。

在追梦的过程中，你永远都不要放弃心中的希望，如果遇到困难，就把困难当成人生的考验，不要在因难面前茫然退缩，更不要不知所措迷失自己，满怀希望地为着自己的梦想而努力，相信终有一天，你会走出低谷，走向光明。现实是美好的，但又是残酷的，关键在于面对困难，你是否具有韧性，能否坚持到底。

不过，可能你没有注意到的一点是，有时候，我们的信仰和行动也会自相矛盾。

在夏威夷，有一个叫保罗·玛哈的人，他是一名建筑承包商，他一直坚信做人不可轻言放弃，并且他也是用行动证明了自己的信念，因此他现在的事业做得十分成功。

1931年，玛哈先生在夏威夷找工作，他希望自己能进入建筑界，但是那个时候的他并没有工作经验，因此处处碰壁，工作不但没有着落，连生计也成了问题。当时美国建筑行业也不景气，就连那些经验丰富的建筑人才也遭到解聘，更别说他一个新手了。

后来，玛哈先生在谈到此事时还这样感叹：“我觉得实在没什么希望了，确实如此，那些想要盖房子的人，谁愿意找那些没有经验的人呢？但无论怎样，我还是树立了信心，并且下决心一定要做到底。我想，既然没有人肯请我，我就自己做，为什么不创业呢？于是，我从亲友那里借来了500美元，然后自己成立了一家小的建筑承保公司。但我们没有生意做，怎么办？我还是相信自己的信念，后来，我的事业赢来了转机。我的第一笔生意是建造一栋2500美元的房子，当时因为缺乏经验，我对这一工程的估价不准，结果我赔了200美元，不过我也从中得到了一些教训，接下来的几单生意就顺利多了，我也获得了不少利润。因为我一直坚信人不可轻言放弃，所以我终于渡过了一生中最大的难关。”

的确，一些人会跌倒，不是因为失去了信心，而是没有将信念付诸行动，并一直坚持下去。

因此，如果你想要变得更加成熟，请记住第四大原则：坚持自己的信仰并实践它。

塔木德启示

一个积极向上的信仰能引导我们增加勇气，使我们在接受考验的时候，不至于临阵退缩，但除非我们把行动建立在信仰之上，否则，只是空洞的信仰和原则并没有什么用处。

四、自我鼓励，获得力量

曾经有这样一个故事：埃及人想知道金字塔的高度，但由于金字塔又高又陡，测量因难。因此，他们向古希腊著名哲学家泰勒斯求救，泰勒斯爽快地答应了。只见他让助手垂直立下一根标杆，不断地测量标杆影子的长度。开始时，影子很长很长，随着太阳渐渐升高，影子的长度越缩越短，终于与标杆的长度相等了。泰勒斯急忙让助手测出金字塔影子的长度，然后告诉在场的人：这就是金子塔的高度。

在生活中，你的人生高度该怎样来测算呢？实际上，无论现在你处于什么样的境况，只要你不甘于现状，并积极为未来思考，寻找出路，就没有什么达不到的目标，你要相信自己，你有资格获得成功与幸福！

在犹太圣典《塔木德》上有这样一句话："超越别人，不如超越自我。"所以，犹太人在超越自己的事情上一天都不放松。他们勤劳自勉，不断超越自己，那么总有一天，就会自然而然地超越了别人。

犹太人认为，向内心传输成功的意识，其中一个重要的方面是心念目标，不断想象你成功后的样子。一个人如果在内心看到了自己成功后的画面，他就能从潜意识中获得能量，就能坚持不懈地为之努力，那么，他一定会是一位成功的人。人生就有许多这样的奇迹，看似比登天还难的事，有时轻而易举就可以做到，其中的差别就在于非凡的信念。

在现实生活中，我们每天都要面临着不同的压力，难免有时候会出现一些消极的情绪，如焦虑、畏惧等，战胜它的法宝就是自信心和勇气。自信心从何而来？来自于潜意识，积极的意识会帮你重新获得能量。

如果我们能经常激励和鼓励自己，潜意识就会接受，从而调动一切积极的因素让我们变得强大，有不少成功者，都是通过这一方法提高自己的专业能力和水平的。

美国历史上第一位荣获普利策新闻奖的黑人记者伊尔·布拉格，在回忆自己童年经历时说："我们家很穷，父母都靠卖苦力为生。我一直认为，像我们这样地位卑微的黑人是不可能有什么出息的，也许一生只会像父亲所工作的船只一样，漂泊不定。"

布拉格9岁那年，父亲带他去参观梵高的故居。在那张著名的吱嘎作响的小木床和那双龟裂的皮鞋面前，布拉格好奇地问父亲："梵高不是世界上最著名的大画家吗?他难道不是百万富翁?"父亲回答他说："梵高的确是世界著名的画家，同时，他也是一个和我们一样的穷人，而且是一个连妻子都娶不上的穷人。"

又过了一年，父亲带着布拉格去了丹麦，在童话大师安徒生墙壁斑驳的故居，布拉格又困惑地问父亲："安徒生不是生活在皇宫里吗?可是，这里的房子却这样破旧。"父亲答道："安徒生是个砖匠的儿子，他生前就住在这栋残破的阁楼里。皇宫只在他的童话里才会出现。"

从此，布拉格的人生观完全改变。他不再自卑，不再以为只有那些有钱、有地位的人才会出人头地。他说："我庆幸有位好父亲，他让我认识了梵高和安徒生，而这两位伟大的艺术家又告诉我，人能否成功与贫富毫无关系。"

生活中的人们，请你不要为错失良机而叹息，不要因为一时的失败而惶恐，更不要失去追求更高目标的信念和勇气，你应该有"天生我才必有用"的信心和豪情，充满自信地走向生活!

因此，我们应该保持乐观正面的心态，对自己进行积极的自我心理暗示，要在心中构建成功后的画面，那么，潜意识地就会接收你的指示，然后按照你的指示去行动，最终你必定能成为一个真正有所作为的人，因为你的信念将会在你的心中生根发芽。

那么，我们应该怎样自我激励，以获得信心呢?

1.跟自己比，不和别人比

犹太人爱迪生说，自信是成功的第一秘诀，自信心的树立，不在于和别人比较，而是拿自己的今天和昨天去比。

在爱迪生上小学时，有一次上劳作课，同学们都交了自己的手工作业，到第二天，爱迪生才慢吞吞地交给老师一个粗糙的小板凳，对此，老师的评价是："我想世上不会再有比这更坏的小板凳了。"但对此，爱迪生的回答是："有的。"然后他从课桌下面拿出两只小板凳，举起左手说："这是我第一次做的。"又举起右手说："这是我第二次做的，我刚才交的是第三次做的，虽然它不能使人满意，但是总算比这两只好多了。"

爱迪生的自信就是在和自己的比较中树立起来的。

在现实生活中，大家都习惯了去和别人比较，山外有山，这样和别人比较下去是没有尽头的。在和别人的比较中失去了自信，同时也被周围的环境牵着鼻子走，所以建立自信最关键的一步就是改变自己老是和别人比较的习惯。一旦自己不知不觉地在和别人比较就要提醒自己打住，这是个思维习惯的问题，经过一段时间的纠正肯定能够克服掉。

2.找到自信心的欠缺处

我们要意识到自己的信心在哪方面是欠缺的，只有找到这一点，才能更好地"查缺补漏"。比如，你是否对自己的能力感到力不从心，或者当你与一个比你更有实力的伙伴合作时，你是否感到自卑？那么这种畏缩与自卑是从何而生的呢？我们必须对此进行认真的反思。

3.运用积极的自我暗示

首先是有根据的自我暗示，对于自己的优势要不断地在心理上进行强化，对于自己的劣势，需要制订详细计划并进行克服，相信这些劣势经过一段时间后会转变为自己的优势，不管是现在拥有的优势还是经过一段时间能够转变为优势的劣势，都是实实在在的东西，看得见摸得着，这是自信的基础，是自己很容易就能自信的根据。

其次是没有根据的自我暗示，即时刻提醒自己：我是世界上最棒的，我有实力，我有能力，我一定会成功。那么，从现在开始每天早晨起床时，晚上睡觉时，甚至随时随地对自己说上一遍激励自己的话，经过一段时间的积累后一定会有效果的。

4.客观对待负面信息

影响自信心的负面信息总是随时出现的，最常见的就是自己遇到不会做的题目了，对于这类题目不要一概而论，要客观分析，属于自己能力以外的就不要放在心上，即放弃它，而且这类题目在高考中绝对只占一小部分，剩下的经过自己的努力在下次考试中一定可以做出来的。

培木德启示

任何一个人，要想获得自信，就必须认识到一点，那就是真正的自信来自于我们的内心世界，源于我们的潜意识，改变我们的潜意识，从内心自我鼓励，这些将奠定我们自信的基础。

第15章

与人交往，友谊之花需要你的浇灌

俗话说“在家靠父母，出门靠朋友”，多一个朋友多一条路，人情就是财富。人际关系一个最基本的目的就是结人情，有人缘，至真至诚的朋友会互助一生。犹太人十分看重友情，他们在对子女的教育中，也注重对孩子进行人情教育，他们告知子女要善待他人、包容朋友，这些理念都是我们应该学习和遵循的，真诚结交朋友，为朋友们付出，我们也会受益一生。

一、广交朋友，路才好走

友谊是世间最真挚的情感之一，王勃的一句："海内存知己，天涯若比邻"深刻地描绘了友谊的伟大。爱因斯坦也说过："世间最美好的东西，莫过于有几个头脑和心地都很正直的真正的朋友。"俗话说得好："朋友多了路好走"，"在家靠父母，出门靠朋友"，因为有朋友，我们的人生不再孤单，不再彷徨，我们始终能从朋友那里得到最真挚的帮助。

被称为"赚钱之神"的犹太人说："失去财产，仍有从头再做生意的机会；失去朋友，就没有第二次机会了。"犹太人认为，朋友不在贵贱，知音胜过黄金，的确，在所有的资源中，朋友是最可靠的人脉资源，一个人，如果他的人生路上能得到朋友的鼎力相助，那么，他一定会如虎添翼。我们要让友谊超越利益，朋友之间是一种坦诚的相待，真心的付出和一种患难与共。我们知道，马克思和恩格斯之间的友谊被称为是"伟大的友谊"，但他们之间的友谊也受到过金钱的考验。

青年马克思有着改造社会的强烈的愿望，因而他受到反动政府的迫害，长期流亡在外，生活极其艰苦。

1844年，马克思在巴黎认识了恩格斯，共同的信仰使彼此把对方看得比自己都重要，马克思长期流亡，生活很苦，常常靠典当，有时竟然连买邮票的钱都没有，但他仍然顽强地进行他的研究工作和革命活动。

恩格斯为了维持马克思的生活，宁愿经营自己十分厌恶的商业，把挣来的钱源源不断地寄给马克思。恩格斯不但在生活上帮助马克思，而且在事业上，他们更是互相关怀，互相帮助，亲密地合作。他们同住伦敦时，每天下午，恩格斯总到马克思家里去，一连几个钟头，讨论各种问题；分开后，几乎每天通信，彼此交换对政治事件的意见和研究工作的成果。

后来，恩格斯的妻子去世，马克思当时因为自身的很多窘境如：收到了肉商的拒付期票，家里没有煤和食品，小燕妮卧病在床……这些使他处于绝望之中，因此只对恩格斯简单地慰问了一下，这使恩格斯有点生气。但在随后的信中，两人的误会解开了。

恩格斯在给马克思的信中写道："对你的坦率，我表示感谢。你自己也明白，前次的来信给我造成了怎样的印象。……我接到你的信时，她还没有下葬。应该告诉你这封信在整整1个星期里始终在我的脑际盘旋，没法把它忘掉。不过不要紧，你最近的这封信已经把前一封信所留下的印象消除了，而且我感到高兴的是，我没有在失去玛丽的同时再失去自己最老的和最好的朋友。"随信还寄去一张100英镑的期票，以帮助马克思渡过困境。"

这段伟大的友谊不禁让人感动，他们合作了40年，建立起了伟大的友谊，共同创造了伟大的马克思主义。正如列宁所说的"古老的传说中有各种各样非常动人的友谊故事，后来的欧洲无产阶级可以说，它的科学是由两位学者和战友创造的，他们的关系超过了古人关于人类友谊的一切最动人的传说。"

在现实生活中也是如此，如果我们想结交友谊，需要从以下几个方面努力。

1.主动交往，关心对方

人们参与社交，在很多时候，都有寻求呵护这一目的。因此，如果你能主动关心对方，并尽量帮助其解决一些实际的问题，那么，便能满足对方的这一心理，自然会对你信任有加，未来交际的可信度与有效度也会明显提高，对方与你交往的渴望程度也会大大增加。

2.弱化和朋友间的竞争

人与人之间，尤其是朋友间，最大的致命点就是激烈的竞争，包括嫉妒。一味地竞争，杀机四伏，着实会使人草木皆兵，给人际交往带来重重障碍。为交际起见，有时候，我们不妨主动向朋友表明心态，给他带来安全感。只有这样，朋友才愿意接触你，才愿意和你发展友谊。这是优化交际环境，提高交际质量的根本策略。

3.扩大自己的接触面

你还应该有意识地扩大自己的接触面，经常面对陌生的人与环境，逐渐减轻不安心理。闲暇时，你也可以和周围的人多聊聊；多参加他人组织的一些活动；经常到亲戚家串门；节假日背上行囊去旅游，让自己置身于川流不息的游客潮中……随着见识的增长，你面对别人的目光时，便会多几分坦然。

总而言之，你若想和陌生人建立并加深关系，还必须加入到与人交往的实践中，躲避人群而渴望获得友谊简直是天方夜谭。广结善缘，可以使我们开阔眼界，增长才干，丰富人生阅历，增添成就感，提高耐挫力，激发和巩固自信心，即使是陌生人，也许他就是你的下一个朋友。

塔木德启示

人际关系是一种社会才能，每个事业成功的人都有一个秘密，那就是他们拥有足够的社交智慧。或许，他们没有出众的才华，但是他们依然可以利用好人缘让自己的人生惬意无比，因为他们深知无论何时“单枪匹马”必然“孤掌难鸣”。

二、应该永远善待他人

中国人常讲：“善恶有福终有报”，善良是人类最为可贵的品质。身正心直、积德行善乃做人之道，积德行善的人能得到老天的回报，“积善之家，必有余庆；积不善之家，必有余殃。”《易经》里说：“所谓善人，人皆敬之，天道佑之，福禄随之，众邪远之，神灵卫之；所作必成，神仙可冀。欲求天仙者，当立一千三百善；欲求地仙者，当立三百善。”

犹太哲学家认为，善良是爱开出的花，是心地纯洁、没有恶意，是看到别人需要帮助时毫不犹豫地伸出自己的援助之手。犹太人也常教育孩子要真诚善待他人，的确，善良的人是高尚的，善良更是一种自信，一种智慧，一种远见卓识……多为善事，也是一种得人心的表现。因为任何人都愿意与心地善良的人交往，他们通常会把善良与人的其他优秀品质联系在一起，比如，忠诚、热心等。

我们来看下面这样一个故事：

在一座古庙里，年轻的小和尚问方丈："听说除了我们生活的世界外，还有天堂和地狱，那地狱到底是什么样的地方呢？"

面对小和尚的疑问，老方丈这样回答道："那个世界内，既有天堂，也有地狱，其实，表面上看，它们并没有太大差别，只是人们心不同。"

老方丈的话让小和尚更迷糊了："怎么不同呢？"

老方丈继续讲道："在地狱和天堂里，其实都有一个相同的锅，锅里煮着味道鲜美的面条，但是，要想吃到面条却很辛苦，因为只有长度达一米的筷子。面对事物，住在地狱的人，他们争前恐后地抢着吃面条，但可惜的是，筷子太长，面条不能送到嘴里去，最后他们开始抢夺别人的面条，于是，一口锅内的面条全部洒了，谁也没吃到。这就是地狱内人的生活。"

"那住在天堂里的人是怎样生活的？"小和尚好奇地问。

"和地狱里的人相反，住在天堂的人，他们都知道，要想自己吃到面条是不可能的。他们用自己的长筷夹住面条，就往锅对面人的嘴里送，'你先请'，让对方先吃。这样，吃过的人说'谢谢，下面轮到你吃了'作为感谢和回赠，帮对方取面条。所以，天堂里的所有人都能从容吃到面条，每个人都心满意足。"

听完老方丈的话，小和尚若有所思。

因此，我们是住在地狱还是天堂，完全取决于我们的心。这就是这个小故事想要告诉世人的道理。

善良就像一朵天使遗留在人间的羽毛，让人感受到温暖与轻柔；又像父亲的臂弯一样让我们感到安全。善良就像一股无形的力量，把人们的心连结在一起，我们多为善的同时，收获的还有他人的肯定。

美国著名作家亨利有一次和他的侄子交谈，他们讨论了很多有趣的话题，最终两个人谈到了什么叫善良。

他问自己的侄子："你知道什么是善良吗？"

侄子点点头说"我知道，可是我无法表达。"

亨利笑了笑说："你知道什么是人生中最宝贵的东西吗？"

侄子点了点头，并说出了包括金钱在内的很多东西。可是这一次亨利却摇了摇头，最后说道："在人的一生中，有三种东西是最宝贵的，第一是善良，第二是善良，第三还是善良。"

的确，善良是什么？善良是不求回报地付出，是内心永恒不变的那一抹温柔，是与人为善的不变天性。

然而，积德需要修行，不能停留在口头上，更不能忽视生活小节，哪怕是慈悲的心性、耐性和忍性，"勿以恶小而为之，勿以善小而不为。"只要我们自己本身是善良的，那么，他人就能感受到我们的善良，就能获得他人的认同。

因此，我们每个人都应该警醒自己，心存善念，多为他人着想，那么，你的人生旅途就会越走越宽。因此，你需要做到：

1.善待周围的每一个人

善待他人要从点滴小事起步，从细微处入手，这样才能做到不以善小而不为，不以恶小而为之。

2.学会换位思考，也就是要理解对方，理解爱

每个人都有自己的情感世界，都希望得到别人的理解，也希望理解别人。理解是一座桥梁，是填平人与人之间鸿沟的石土。

比如，在你和他人发生争执时，特别想驳倒对方，或者希望对方自己承认缺点，总之，在解决类似的问题时，是否"体谅"对方会直接导致不同的结果。

3.学会包容别人

在生活中，一些人年轻气盛，争强好斗心较重。常为一点小事争得不相上下，自己做错事，不着重检查自己，而是一味地找别人的不是，缺乏的就是一种宽容。而那些真正能善待他人的人，才是真正的赢家，因为他们会利用"人情味"来俘获他人的心，即使对方是敌人，也能化干戈为玉帛，让这来之不易的朋友为己所用。

塔木德启示

善良从来就与正直、爱心、悲悯为伍，与邪恶、阴毒、冷漠为敌。清澈的水来自雪山之巅，人的善良来自干净的心底。因此，当我们怀着一颗真诚之心善待我们身边的每一个人时，我们收获的也是真诚与善良，当然，还会有浓浓的爱。

三、有选择地交朋友

我们都知道，一个人生活在世间，不能没有朋友，孤独的人生很寂寞。结交益友，添增许多欢笑，甚至可以为你开拓眼界，排难解纷。交友不当，往往快乐一时，烦扰一生。

犹太人结交朋友靠的是诚心和真心，但犹太人对于朋友有自己的“定义”，他们认为，朋友是在你走向黑暗的时候，为你点亮明灯的那个人；朋友是不会因为你现在处于困难时期，而离你远去的人；朋友是不会因为你处在人生低谷的时刻而抛弃你的人。真正的朋友不会人云亦云，不会在你受伤的伤口上再洒上一把盐，不会因为小人对你的栽赃，而远离你。

《塔木德》中那些关于交友的思想影响了一代又一代犹太人。当你结交一个朋友时，先考察他，不要急于信任他。

从前，有两个穿得很破烂的犹太年轻学者四处旅行。他们来到一个小镇，请求当地的富翁让他们借住一晚。富翁一看两人的衣服，马上就拒绝了，他们只好另找住处。

十年后，这两位犹太学者变成有名的专家，名扬世界。

有一天，他们又路过那个小镇，便前往当年帮助他们的人家拜访。碰巧，那位富翁也在场。富翁当然认得他们，一看他们穿得光鲜亮丽，马也很漂亮，又是人人尊敬的学者，便恳求他们到他家住宿一晚，并且住在最好的房间。

学者却说：“那我们就不客气了，请你让这两匹马住到你家去吧！”

富翁的做法无疑是自取其辱，他以貌取人，结果被当年受辱的犹太学者回绝了。而从年轻学者的角度看，逆境能帮助我们看清一个人的面目，那些能在我们需要帮助时为我们身处援手的便是朋友，而对我们冷眼相看的人便不是朋友。患难之中才能见真情，真正的朋友是能分担你忧愁和痛苦的人，也最能经得起时间和磨难的考验。整日甜言蜜语的人不是真君子，在你人生得意时警醒你的人才是真正的朋友，他们不会大难临头各自飞。

那么，到底什么样的人才是我们真正的朋友呢?

1.真正的朋友不会见利忘义

真正的朋友不会因为一点私利，就把朋友的情谊抛到了一边。真正的朋友不会有私心，他会在你需要帮助的时候，不顾一切地对你呵护，他是一直对你最忠诚的人，他会承诺你们以前的一言一行，不会因为你暂时的不顺利，而把你忘掉。

2.敢于说真话的人才是真朋友

很多时候，我们也知道，有时候交朋友是一件很难的事，人与人之间的距离好像很远。一些尔虞我诈的事例不得不让自己多设置一道防线。中国文化中，友道的精神在于“规过劝善”，批评和自我批评，有错误相互纠正谅解，彼此共同改掉毛病或缺点，互相学习勉励，共同发展，这就是真正的朋友。

一个剧作家有次交给著名影星凯仑小姐一个剧本。凯仑小姐看后，便马上坐下来给这位剧作家写信：“亲爱的皮特先生，感谢你送给我这样一部动人的剧本，读后，我非常感动。剧本很幽默，不过……”

当凯仑小姐写到这里时，她的笔在纸上停了下来。因为她不喜欢信里的虚伪口吻。于是她铺开了另外一张纸，写道：“亲爱的皮特先生，剧本我用心看了看，乱糟糟的，我实在搞不懂都说些什么……”她再次停笔，从头再写：“皮特先生，你这剧本很令人丧气，多年来，我还是第一次看到这样的剧本……”

太过火了吧！凯仑小姐心里念叨着，于是，又改写为：“亲爱的皮特先生，承蒙看待，不胜感谢，无奈近日琐事颇多，无暇顾及……”还是不能令人满意，干吗要对别人撒谎呢?

过了几天后，凯仑小姐和朋友谈起这件事情，朋友问她最后怎样处理了。她说："我把四封信装进一个信封，全都寄给了他。"

很多时候，直言不讳可能会让当事人很难堪，但只要你的态度是真诚的，别人最终会把它收进耳朵，并在想通了之后对你心存感激。如果你有这样一个对你说真话的朋友，那么，你一定要珍惜。

总之，我们需要记住的是，我们不可能有"三头六臂"，无法迎接不同的人，但选择与什么样的人交往，我们却是有自主权的。只有那些品性良好的益友，才会在关键时刻与我们患难与共，才是我们生命中的贵人，他们不会有过多美妙赞美的语言，有时候，他们只知道批评、指责你，他说的都是你不喜欢听的话，你自认为得意的事向他说，他偏偏泼你冷水，你满腹的理想、计划对他说，他却毫不留情地指出其中的问题，有时甚至不分青红皂白地就把你做人做事的缺点数说一顿……反正，从他嘴里听不到一句好话。但这样的人，才是我们的人生导师。还有一种人，他们说话做事都会尽量不得罪人，因此多半是宁可说好听的话让人高兴，也不说难听的话让人讨厌。其实这样的人，根本没有尽到做朋友的义务，明明知道你有缺点而不去说，甚至有时候，更是别有居心了。这种朋友就算不害你，对你也没有任何好处，你大可不必浪费时间和这样的人交往。

塔木德启示

和什么样的人交朋友，又和什么样的人组成圈子，是一个很严肃、很值得我们去认真思考和对待的问题，甚至是我们受益终生的一件大事。

四、懂得宽容，别斤斤计较

在激烈的竞争社会，在利益至上的商业时代，即使朋友之间也会因为一些利益问题而产生争端，你可能会被你的朋友伤害，你可能心生怨恨，认

为友谊已经走向终结，而事实上，只要你能宽容一点，原谅对方的错误，那么，就能成全你们的友谊。

犹太人认为，宽容是一种爱，豁达是一种智慧，会让你的生活无限美丽。征服人心不靠武力，而是靠爱和宽容。

在犹太人中，流传着这样一个故事，它发生在“二战”期间。

一支部队在森林中与纳粹军队相遇发生激战，其中两名犹太战士最终与自己的队伍失去了联系，没有人知道他们在哪里，都以为他们牺牲了。

他们来自同一个淳朴的小镇，镇上的人彼此都认识，所以大家都像一家人。他们原来就是很要好的朋友，此次在生死未卜的战斗中，互相照顾、彼此不分。

与队伍失散后，两人在森林中艰难跋涉，互相鼓励、安慰。十多天过去了，他们没有看到一个人影，回到部队的希望越来越渺茫，更严重的是，因为战争的缘故，动物四散奔逃或被杀光，生存都发生了危机。

就在他们奄奄一息之际，他们幸运地打死了一头鹿，看来天无绝人之路，依靠鹿肉又可以艰难度过几日了。这让他们着实兴奋了好长一段时间。但在这以后，他们再也没看到任何动物。仅剩下的一些鹿肉，背在年轻战士的身上，生存又成了问题。

有一天，他们在森林中寻找食物时不幸遇到了敌人，经过再一次激战，两人又一次巧妙地逃脱，就在他们自以为已安全时，只听到一声枪响，背着鹿肉走在前面的年轻战士中了一枪，这一枪打在肩膀上。后面的战友惶恐地跑了过来，他害怕到语无伦次，抱起倒在地上的战友泪流不止，并赶忙把自己的衬衣撕成条来包扎战友的伤口。

夜深了，受伤的战士肩膀上包扎的衣服一片血红，他对于自己的生命并不抱任何希望。而那位未受伤的战士两眼直勾勾的，嘴里一直叨念着母亲。用来救命的鹿肉谁也没有动，他们都以为自己的生命即将结束，那一夜令两个人都终生难忘。

天知道他们是怎么过的那一夜，第二天，他们被自己的部队发现了，当太阳升起的时候，他们获救了。

故事发生到这里，似乎告一段落，是个喜剧结局。

但事隔30年，那位受伤的战士说："我知道谁开的那一枪，他就是我的老乡、战友"。这实在是太惊人了。

接着，他平静地说："他去年去世了，否则我永远都不会说，如果我死在他前面，我会让这个故事烂在肚子里带走。那年在森林里，当他抱住我时，他的枪筒还在发热，我顿时明白了，他想独吞我身上带的鹿肉活下来，但当晚我就宽恕了他。因为我知道他活下来是为了照顾他的母亲。此后30年，我装着根本不知道此事，也从不提及。战争太残酷了，没有纳粹的存在，就不会有这样的悲剧。令人难过的是，他的母亲还是没有等到他回来就撒手去了。我和他一起祭奠了老人家。他跪下来，流着泪请求我原谅他。我拥抱着他，不让他说下去。于是，我宽恕了他，我的心没有仇恨，异常的平静。我没有失去什么，我们又做了二十几年推心置腹的朋友。"

故事中主人公是豁达的，面对朋友对自己的伤害，他选择了忘却。忘却就是一种宽容，人人都有痛苦，都有伤疤，动辄去揭，便添新创，旧痕新伤难愈合。忘记昨日的是非，忘记别人先前对自己的指责和谩骂，时间是最好的止痛剂。学会把伤害留给自己，把宽容留给他人，生活才有阳光，才有欢乐。

那么，生活中的人们，面对朋友的伤害，你该怎么做呢？如果你想重拾昔日的真情，那么，不妨这样做吧：

1.包容别人，放下仇恨

包容是一首人生的诗，我们的生命因为包容而不再平庸；包容是一门生活的艺术，大度能荣的境界，能让我们读懂人生的真谛。生活中，我们要懂得包容别人，因为相让共得，相斗俱伤。

对于他人的过错，我们大可以一笑了之，而不必耿耿于怀，做一个大气的人，用宽容的心去原谅他人，能成就我们自身。再者，宽容还能使我们变得理智，当事情发生时，我们能冷静下来看到事情的缘由，同时，也能看清自己。试想一下，倘若我们针锋相对，以同样的方法还击对方，那么除了两败俱伤，头破血流之外，还能带来什么呢？

2.主动和解，化解争端

交际双方，如果谁都不主动和解，那么，只能不断争执下去，当你看

到双方间存在一定的利益后，就应该大度一点，主动和解，当彼此相视一笑后，你是不是开怀呢?

塔木德启示

至高境界的包容，是升华为一种对人对事的胸襟，对人生如诗般的气度。做人要大度，所谓“人非圣贤，孰能无过”朋友也会犯错误，在与朋友相处时，对待他出现的一些错误，我们要尽量放下，不要总是抓住不放，这才是让友谊天长地久的方法。

第16章

事业第一，要有自己的目标和志向

我们都知道目标对于行为的指导作用，目标就像我们大海中的航标一样，失去了它，我们便始终漂泊不定，只会到达失望、失败与丧气的海滩。可见，能使我们的一生变得有价值的就是目标，这也证明了犹太人的人生信条：财富与目标成正比。如果你目标高远，那么，你才有可能坐拥人人羡慕的财富。否则，你只能做一天和尚撞一天钟、得过且过，成为碌碌无为者。

一、确立自己的奋斗目标

我们都知道，任何一个有理想、有追求、有上进心的人，一定都有一个明确的奋斗目标，他懂得自己活着是为了什么。因而他所有的努力，从整体上来说都能围绕一个比较长远的目标进行，他知道自己怎样做是正确的、有用的，否则就是做了无用功，或者浪费了时间和生命。显然，成功者总是那些有目标的人，鲜花和荣誉从来不会降临到那些没有目标人的头上。

犹太人曾说："一位百发百中的神箭手，如果他漫无目标地乱射，也不能射中一只野兔。"因其所处的环境和民族的特性，很多犹太人从很小时就开始励志，以此确定自己人生的奋斗目标。正因为这样，许许多多的犹太人能集中人生有限的时间和力量去攻克一个目标，不致于分散力量，所以他们能够很容易取得成功。

在非洲的森林里，有四个探险队员来探险，他们拖着一只沉重的箱子，在森林里踉跄地前进着。眼看他们即将完成任务，就在这时，队长突然病倒了，只能永远地待在森林里。在队员们离开他之前，队长把箱子交给了他们，告诉他们说：请他们出森林后，把箱子交给一位朋友，他们会得到比黄金重要的东西。

三名队员答应了请求，扛着箱子上路了，前面的路很泥泞，很难走。他们有很多次想放弃，但为了得到比黄金更重要的东西，便拼命走着。终于有一天，他们走出了无边的森林，把这只沉重的箱子交给了队长的朋友，可那位朋友却表示一无所知。结果他们打开箱子一看，里面全是木头，根本没有比黄金贵重的东西，也许那些木头也一文不值。

难道他们真的什么都没有得到吗？不，他们得到了一个比金子贵重的东西——生命。如果没有队长的话鼓励他们，他们就没有了目标，他们就不会去为之奋斗。因此，我们可以看到目标在我们追求理想的过程中的指引作用。

因此，你只有从现在起，树立一个精细、明确的目标并为之努力、奋斗，你才会认识到体内所蕴藏的巨大能力，才能最终实现自己的理想。

在美国某学校的一次作文课上，老师给出的题目是：我的梦想。一个小朋友飞快地写下了自己的梦想，他希望自己能拥有一座占地10余公顷的庄园，在庄园里有小木屋、烤肉区，还有休闲旅馆。然而，这个梦想到了老师手里，被画上了一个大大的红“×”，并要求重写。小朋友感到很不解，老师说：“我要你们写下自己的梦想，而不是这些如梦呓般的空想，我要实际的梦想，而不是虚无的幻想，你知道吗？”小朋友据理力争：“可是，老师，这真的是我的梦想啊！”老师生气地说：“不，那不可能实现，那只是一堆空想，我要你重写。”小朋友不愿意妥协，他自信地说：“我很清楚，这才是我真正想要的，我不愿意改掉我梦想的内容。”老师摇摇头：“如果你不重写，我就不让你及格了，你要想清楚。”小朋友坚定地摇摇头，不愿意重写，那篇作文他只得到了一个大的“×”。

然而，30年过去了，老师带着一群小学生来到了一座很大的庄园，享受着绿草，舒适的住宿以及香味四溢的烤肉。就在这里，老师遇见了庄园的主人，就是那位作文不及格的学生，如今，他实现了自己儿时的梦想。老师惭愧地说：“30年来为了我自己，不知道用成绩改掉了多少学生的梦想，而你，是唯一坚定自己的梦想，相信自己，没有被我改掉的。”

在生活中，对于自己的梦想或是目标，不管有多么虚无缥缈，多么的不切实际，都需要坚持到底，永远地相信自己一定能办到，一定可以实现这些目标。如果有人对我们的想法进行挑衅，也不要退缩，更不要随意更改自己的目标，有句话叫作“走自己的路，让别人去说吧”，别人爱挑衅，对我们的言行进行冷嘲热讽，那是他们自己的事情，而我们只需要保持自信，就可以赢得最后的成功。

人只有树立了目标，内心的力量和头脑的智慧才会找到方向。目标是对于所期望成就事业的真正决心。如果一个人没有目标，就只能在人生的旅途上徘徊，永远到不了任何地方。正如空气对于生命一样，目标对于成功也有绝对的必要。如果没有空气，人就不能生存；如果没有目标，没有任何人能成功。

当然，只是有目标并不能带来成功，要真正实现蜕变，还要我们忍耐枯燥、寂寞，需要我们付出不懈的努力。

因此，我们一定要追随自己的内心，要敢于追逐自己的梦想，要永葆激情、不断摸索，不怕失败，最终你会找到自己的一条路，最终也会做出成就。

假如你是一名学生，为分数而努力学习，你就会得到分数，但如果为充实自己、为求知读书，除了在得到分数外，你会获得知识和成长；为了挣钱而做生意，你的努力会帮你实现财富梦，为了事业而做生意，除了财富外，你获得的还有为之打拼的快乐；为每月定时发放的薪水而工作，你可能得到较少的薪水，如果你为提高公司的业绩而奔走，你不仅会得到较多的薪水，而且也会得到满足和同事的敬重，你对公司的贡献将会大得多，你的报酬也会大得多。

塔木德启示

梦想具有无穷的力量，梦想也会给我们带来快乐，只要你追随自己的天赋和内心，你就会发现，你的生命被赋予了更高的意义，你也不再是消磨光阴，而是在让时间闪闪发光，奋斗也就是快乐的事。

二、专注于细节，将细节做到极致

在生活中，人们常说："细节决定成败"，而马虎粗心是人类性格中的一个缺点，因为马虎粗心而造成不良后果的事件很多。任何一个人，都应该做到对所有事认真、严谨，并训练自己缜密的思维，注意细节问题，才能在未来社会的竞争中立于不败之地。

犹太人认为，做任何事都不要放过细微之处，用心做好每件事，这不仅是工作的原则，而且更是人生的原则。然而，不得不承认的是，在生活中，很多青春期的孩子都有做事马虎的毛病。其实，做事马虎并不是因为你粗心，而是因为你没有摆正态度。如果你不端正态度，那么，不但会影响你的学习成绩、升学考试，还有可能给人们的生活带来不幸，给社会带来灾难。“小马虎”从表面上看似乎不是什么大毛病，但若不及时纠正，却可能造成严重的后果。

有一天，以色列的一家酒店来了一位美国女宾，她衣着讲究，应该是个上层社会的人，但她似乎很匆忙，只是简单地安顿了一下行李，就去参加商业洽谈了。

这位女宾的举动很快引起了细心的值班经理的注意。值班经理在女宾走后，很快吩咐服务员重新布置来客的房间，把房内的地毯、窗帘、床罩和桌布统统换成大红色。

美国女宾忙了一天回到酒店，对自己房间的变化甚为惊讶，怀着好奇的心理去问经理为什么这样做。经理说：“我看见您的皮鞋、提包和帽子都是红色的，猜想到你对红色一定有兴趣，于是就做了这样的布置。您的商务繁忙，更希望休息得好些。这样的环境，您喜欢吗？女宾听了非常满意，当即取出支票本，开了张10000元的支票，作为小费赠送。投其所好，留意顾客的衣着举止，使酒店赢来了顾客的青睐和信誉。”

案例中的犹太经理就是从细节入手，通过充分了解、分析顾客心理，从而投其所好，因此获得客户好感，为酒店的信誉做出了贡献。

世界第一CEO杰克·韦尔奇也曾经说过：“干事业实际上并不依靠过人的智慧，关键在于你能否全身心投入，并且不怕辛苦。实际上，经营一家企业不是一项脑力工作，而是体力工作。”荀子曾在《劝学》一文中提到：“不积跬步，无以至千里；不积小流，无以成江海”。这句话告诉我们重视细节与基础的重要性。无论你从事什么工作，你都必须从现在起培养自己认真做事的态度。

我们再来看下面一个犹太寓言故事：

这天，一只老马带领一群小马去电影院看电影。

“现在，只有10分钟就到电影院了。”

又走了20分钟，这些小马在河边停了下来。奇怪得很，小马们虽然走了近1个小时，却并不觉得怎么疲惫。

老马给他们解释为什么不疲惫的原因。

“今天所走的路，你可以常常记在心里。这是生活艺术的一个教训。你与你的目标无论有多遥远的距离，都不要担心。把你的精神集中在10分钟内的距离，别让那遥远的未来令你烦闷。”

将“精神集中在10分钟内的距离”，多么睿智的解释。然而这也是很多人目前最缺乏的。他们往往将目标着眼于大处，而常常忽略了小的问题。一座建筑是由一砖一瓦砌成的，每一砖一瓦本身显得并不怎么重要。但是缺少了它们，高楼如何建起？同样的道理，成功者的一生都是由无数个看上去微不足道的小方面构成的。

有一位退休的犹太员工告诫他刚参加工作的儿子说：“无论以后你从事哪一种工作，都要全身心地投入。能做到这一点，就不会为自己的前途操心。世界上各处都有散漫粗心、三心二意的人，那些心无旁骛、全身心投入工作的人始终是不用愁没有工作的。”无疑这位父亲是睿智的。

他的话鲜明地揭示了一个放之四海而皆准的真理：一个人无论身居何处，无论从事何种职业，都首先要全身心投入其中，尽自己最大的努力，求得不断的进步。有些人之所以能够取得成就，原因就是他在某个领域一定全身心投入过。

要想把事情做到最好，你必须在心中为自己设定一个严格的标准，并且，在做事时，你一定要按照这个标准来执行，绝不能马虎。另外，在做任何一项决策前，一定要思虑周全，并做广泛地调查论证，广泛征求意见，尽量把可能发生的情况考虑进去，以尽可能避免出现1%的漏洞，直至达到预期效果。

塔木德启示

认真是任何人要做好一件事情的前提，如果对什么事情都敷衍了事，草草出兵，草草收兵，必然做不好。然而是否重视细节是一种习惯，要形成这种习惯，不能光说不练，要靠平日里的习惯培养。久而久之，你也就有了自我控制的能力，也就能认认真真地对待每件事，从而把每件事都做到位。

三、最为珍贵的是时间

在现代社会，无论是个人，还是企业，“效率就是金钱”，绝对不是一句空话。可以说，追求成功，必须追求效率。同样，自古至今，要想成功，就必须惜时。因为时间是生命的构成部分，我们任何一个人都没有太多的时间挥霍。数学家华罗庚说过：“成功的人无一不是利用时间的能手！”实际上，任何人，只要我们能充分利用好时间，不浪费每一分钟，那么，你必当会成才。有些人只是利用好了几年，有些人只重视年轻时代，而成功者在尽量利用好每一天，甚至能利用好每一分钟乃至每一秒钟。他们很少有浪费时间的行为，他们的成功实质上就是时间利用上的成功。

关于时间的价值，犹太人早已领悟到，他们常说“勿浪费时间”，“时间也是商品”，是犹太人的生意经之一。他们认为，商品可以再造，钱可以再赚，但是时间不能重复。的确，对于商人来讲，时间的意义更加不可忽视，商场形势如风突变，有时一分钟甚至一秒钟都可能决定大笔财富的得失。白白浪费时间，会损失掉大笔的财富，而巧妙地利用却可以使金钱成倍地增长。所以，时间对于经商的作用绝对不可小觑。

另外，犹太人都有守时的好习惯，我们约定了某个时间，就一定要按时到达，即使迟到了一分钟也是不礼貌的；而一到了工作时间，他们马上工作；一到下班时间，也会立即结束工作，他们认为这样才是充分利用了时间。

哲学家尼采也曾说：“说好的约会时间，让别人等待，连招呼都不打一声，这种行为是极其恶劣的。这不仅是不讲礼貌、不遵守约定的问题。在对方等待你的过程中，因为你的不出现，在他等待的时候，他会产生各种负面的情绪，比如，担忧、猜想，继而产生不快，甚至会因此而愤慨。也就是说，让别人等待无异于不道德，会在不经意间令那人的人性变得邪恶。”

生活中的人们，我们同样要利用好每一分钟的时间，不要等到逐渐老去的时候，才慨叹浪费了生命。

大发明家爱迪生并不是一个学历很高的人，事实上，他只上过三个月的小学。他后来的成就，第一归功于母亲的教导，第二就是因为他珍惜时间。

小时候的爱迪生就是个对事物充满好奇的孩子，只要他不懂的事情，他一定要亲自试验找到答案。

成年后的爱迪生根据自己的这一兴趣，开始进行研究工作。在美国的新泽西州，他建立了自己的一个实验室，先后发明了电灯、电报机、留声机、电影机、磁力析矿机、压碎机等总计2000多种东西。爱迪生的强烈研究精神，使他对改进人类的生活方式，做出了重大的贡献。爱迪生在研究期间，经常对自己的助手说："浪费，最大的浪费莫过于浪费时间了。"因此，他常常告诫自己：人生太短暂了，要多想办法，用极少的时间办更多的事情。

一天，爱迪生在工作时，交给助手一个任务——测量一下灯泡的容量，交代完事情以后，他又埋头工作了。

过了一会儿，他问助手，你测出来的结果是多少，没想到，助手还在慌忙地测量灯泡的各个数值——周长、斜度等。

看到这里，爱迪生着急地说："时间，时间，怎么费那么多的时间呢?"于是，他走过去，接过灯泡，向里面注满了水，交给助手说："里面的水倒在量杯里，马上告诉我它的容量。"助手立刻读出了数字。

爱迪生说："这是最简单的测量方法了，既准确又节约时间，你怎么想不到呢？还去算，那岂不是白白地浪费时间吗?"助手的脸红了。

爱迪生喃喃地说："人生太短暂了，太短暂了，要节省时间，多做事情啊！"

古今中外，一切有大建树者，无一不惜时如金。《淮南子》云："圣人不贵尺之璧，而重寸之阴。"汉乐府《长歌行》有这样的诗句："百川东到海，何时复西归？少壮不努力，老大徒伤悲。"晋朝陶渊明也有惜时诗："盛年不重来，一日难再晨，及时当勉励，岁月不待人。"而法国作家巴尔扎克把时间比作资本。德国诗人歌德把时间看成是自己的财产。鲁迅先生对时间的认识更深刻。他说："时间就是生命。无端地空耗别人的时间，其实无异于谋财害命。"

诗人拜伦曾说过一句话："没有方法能使时钏为我敲已过去了的钟点"当下的人们，无论做什么，都是一个长期的过程，这都需要你做到珍惜一点一滴的时间，并学会合理支配时间，才能形成一种能力。

塔木德启示

如今，时间已逐渐被人们认识到其重要性，时间就是金钱，甚至时间比金钱和商品更重要，因为时间是生活、是生命。因为金钱是无限的，时间是有限的，所以我们每个人都要抓住时间的缰绳努力地学习和工作，以此充实自己。

四、专注于目标，朝目标奋进

我们每个人都知道，人的精力是有限的，我们不可能做好所有事，因此，这需要我们做到专注。一个人，在没有他人干预的情况下，如果能专注于一件事，那么，他就能取得成果，获得自信。

犹太人是专注做事的代表，他们认为，专注做点事，至少对得起光阴岁月。《塔木德》中写道："得到太多，必有所失。""把你的心（思想）专注在一个地方。"

的确，成功者之所以成功，就是因为在专注的过程中，经过了沮丧和危险的磨炼，才造就了天才。在每一种追求中，作为成功保证的与其说是卓越的才能，不如说是追求的目标。目标不仅产生了实现它的能力，而且产生了充满活力、不屈不挠为之奋斗的意志。因此，意志力可以定义为一个人性格特征中的核心力量，总而言之，意志力就是人本身。它是人行动的驱动器，是人的各种努力的灵魂。真正的希望以它为基础，而且，它就是使现实生活绚丽多姿的希望。在伯特尔修道院镌刻着一条关于破碎的头盔手工艺格言："希望就是我的力量"，这条格言似乎与每个人的生活息息相关。

莫泊桑是19世纪法国著名作家。他从小酷爱写作，孜孜不倦地写下了许多作品，但这些作品都是平平常常的，没有什么特色。莫泊桑焦急万分，于是，他去拜法国文学大师福楼拜为师。

一天，莫泊桑带着自己写的文章，去请福楼拜指导。他坦白地说："老师，我已经读了很多书，为什么写出来的文章总感到不生动呢？"

“这个问题很简单，是你的功夫还不到家。”福楼拜直截了当地说。

“那——怎样才能使功夫到家呢？”莫泊桑急切地问。

“这就要肯吃苦，勤练习。你家门前不是天天都有马车经过吗？你就站在门口，把每天看到的情况，都详详细细地记录下来，而且要长期记下去。”

第二天，莫泊桑真的站在家门口，看了一天大街上来来往往的马车，可是一无所获。接着，他又连续看了两天，还是没有发现什么。万般无奈，莫泊桑只得再次来到老师家。他一进门就说：“我按照您的教导，看了几天马车，没看出什么特殊的东西，那么单调，没有什么好写的。”

“不，不不！怎么能说没什么东西好写呢？那富丽堂皇的马一回事，跟装饰简陋的马车是一样的走法吗？烈日炎炎下的马车是怎样走的？狂风暴雨中的马车是怎样走的？马车上坡时，马怎样用力？马车下坡时，赶车人怎样吆喝？他的表情是什么样的？这一些你都能写得清楚吗？你看，怎么会没有什么好写呢？”福楼拜滔滔不绝地说着，一个接一个的问题，都在莫泊桑的脑海中打下了深深的烙印。

从此，莫泊桑天天在大门口，全神贯注地观察过往的马车，从中获得了丰富的材料，写了一些作品。于是，他再一次去请福楼拜指导。

福楼拜认真地看了几篇，脸上露出了微笑，说：“这些作品，表明你有了进步。但青年人贵在坚持，才气就是坚持写作的结果。”福楼拜继续说：“对你所要写的东西，光仔细观察还不够，还要能发现别人没有发现和没有写过的特点。如你要描写一堆篝火或一株绿树，就要努力去发现它们和其他的篝火、其他的树木不同的地方。”莫泊桑专心地听着，老师的话给了他很大的启发。福楼拜喝了一口咖啡，又接着说：“你发现了这些特点，就要善于把它们写下来。今后，当你走进一个工厂的时候，就描写这个厂的守门人，用画家的那种手法把守门人的身材、姿态、面貌、衣着及全部精神、本质都表现出来，让我看了以后，不至于把他同农民、马车夫或其他任何守门人混同起来。”

莫泊桑把老师的话牢牢地记在心头，更加勤奋努力。他仔细观察，用心揣摩，积累了许多素材，终于写出了不少有世界影响的名著。

的确，和莫泊桑一样，很多成功者之所以成功，就是因为在专注的过程中，经过了沮丧和危险的磨炼，才造就了天才。

当然，这种专注力可以运用到任何其他一件事中，这种能力的形成，其实就是自控能力的逐步养成，如果你能做到在他人无监督的情况下，特别勤奋用功或者管住自己的言行，那么，你就是值得尊敬的。

那么，具体来说，我们该如何提升自己的专注力呢?

1.一次只做一件事

如果你决定了做一件事，那么，你就要做到专注，然后，你需要问自己：“在这些要做的事情中间，哪件事最重要？”选出那件最棘手的事，然后保证自己在接下来一段时间内只专注于它。

2.排除干扰

在你准备做一件事时，请收拾好你的书桌、关闭手机、关闭电脑的浏览器等，避免那些容易使你分心的事，你的学习和工作效率就会提高很多。

3.动机

明确你办事的动机会有助于加强你的专注力，并且能让你完成任务。你要知道你为什么要去专注于某事，而且要清楚如果你不专注于此事会有什么样的后果。

此外，你可以想象一下假如你朝着一个方向前进的话，你的生活将会是什么样子的。想象一下你理想中的生活。让它清晰可见并让它时刻浮现在你的脑海中。

4.深呼吸

当你开始新的一天时，问自己一个问题，“我在呼吸吗？”然后做几次深呼吸。问你自己“我现在感觉放松吗？”如果你的回答是“不太放松”，那么先什么也不要做。

塔木德启示

在对有价值目标的追求中，坚韧不拔的决心是一切真正伟大品格的基础。充沛的精力会让人有能力克服艰难险阻，完成单调乏味的工作，忍受其中琐碎而又枯燥的细节，从而顺利通过人生的每一驿站。

参考文献

[1]塞妮亚.塔木德[M].上海：上海三联书店，2015.

[2]蔡春华，宿春礼.塔木德大全集[M].北京：华文出版社，2010.

[3]柯友辉.塔木德大全集[M].北京：新世界出版社，2008.

[4]夏子焉.塔木德秘密[M].北京：中国妇女出版社，2015.

[5]韩冰之.塔木德家训[M].哈尔滨：哈尔滨出版社，2011.